远古
生物大发现

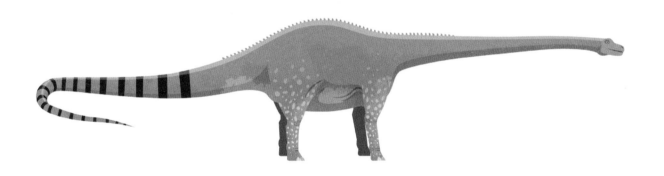

[南非] 安苏亚·钦萨米·图兰 著

[英] 安吉拉·里扎 [英] 丹尼尔·朗 绘

李泽慧 译

中信出版集团 | 北京

简介

　　准备好开始一场从地球生命起源开始的奇妙探险之旅了吗？在这本书中，你将看到最早的生命形式是如何出现于水中的，后来的植物和动物又是如何迁移到陆地上的。你将遇到奇怪又奇妙的史前生物，比如可怕的鱼类、巨大的昆虫，还有许许多多的恐龙——它们将挑战你的想象力。你还将进一步了解到恐龙及其后代的演化历程，以及哺乳动物如何统治我们的星球。

　　当旅程接近尾声时，你将会见到早期的人类，并看到与他们同时代生活的其他动物们。

　　来吧，让我们一起开始这趟奇妙的探险之旅吧……

安苏亚·钦萨米·图兰

目 录

古生代

约 5.42 亿—2.52 亿年前

地球已经有 45 亿年的历史了。为了了解这段极其漫长的时间，科学家将其分为几部分。在显生宙初期，开始出现一些我们熟悉的动物，科学家将显生宙分为三大部分：古生代、中生代和新生代。古生代持续了 2.9 亿年，它分为六个不同的时期，分别是寒武纪、奥陶纪、志留纪、泥盆纪、石炭纪和二叠纪。古生代的特点是不同生命形式突然爆发，先是在海洋中，而后在陆地上。在最初 40 亿年的大部分时间里，也就是寒武纪之前，只有微观生命的存在，这段时期被称为"前寒武纪"。

泥盆纪（约 4.20 亿—3.59 亿年前）

在泥盆纪时期，越来越多的植物和昆虫在陆地上出现。在泥盆纪即将结束之时，除第一批四足动物开始在陆地上爬来爬去外，地面已被森林覆盖。这一时期由于第二次大灭绝事件而结束。

石炭纪（约 3.59 亿—2.99 亿年前）

在石炭纪，由于大陆板块移动，陆地间靠得更近了。南极地区被冰雪覆盖，但是仍有大量的热带森林。有些两栖动物进化成了第一批爬行动物。

寒武纪（约 5.42 亿—4.95 亿年前）

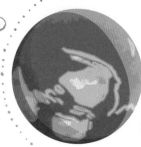

在寒武纪时期，地球的南半球集合了一些不同的陆地板块。在海洋中，突然涌现出门类众多的动物，人们常称这一时期的这一事件为"寒武纪大爆发"。

奥陶纪（约 4.95 亿—4.44 亿年前）

在奥陶纪，植物开始适应陆地生活。然而，到奥陶纪接近尾声之时，巨大的冰盖遍布各大陆，这导致了一场大规模的生物灭绝事件。

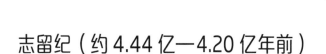

志留纪（约 4.44 亿—4.20 亿年前）

在志留纪时期，地球的大陆开始移动到一起，生命从奥陶纪的大灭绝事件中慢慢恢复生机。在此期间，植株更高的陆生植物开始生长，节肢动物也搬到了陆地生活。

二叠纪（约 2.99 亿—2.52 亿年前）

到二叠纪时期，各大陆已经合并称为一个叫联合古陆（泛大陆）的超级大陆。更多类型的爬行动物出现了，哺乳动物的祖先出现了，但是这一时期以史上最大规模的生物灭绝事件告终。

现代叠层石以每年
1 毫米的速度生长。

叠层石

叠层石看上去可能就是一些大石头，但它们并不是普通的石头。它们是世界上最古老的生物化石之一，主要由被称为蓝细菌（曾称为蓝藻或蓝绿藻）的微生物形成。蓝细菌不断生长，形成黏糊糊的垫子，将土壤和沙子的颗粒困住，然后凝固成岩石。今天的地球上仍能找到形成叠层石的蓝细菌，不过它们只存在于世界的少数几个地方。它们喜欢在非常咸的海水中安家落户，动物无法在这种盐度的环境中生活——也就无法吃掉它们啦！

在 34 亿年甚至更久之前，蓝细菌开始进行光合作用，就像如今的植物一样，将氧气释放入地球的大气层。这为更多的进行有氧呼吸的生物登场提供了机会。

叠层石，前寒武纪至今，世界各地均有分布。图中所示叠层石切片有 24 亿年历史，它显示了随着蓝细菌生长而形成的层。

狄更逊蠕虫是软的，
所以它留给我们的遗迹只有化石印痕。

狄更逊蠕虫

人们可能很难相信，这种扁平的叶状物实际上是一种动物！我们能

确信这个结论，是因为在狄更逊蠕虫的化石中已经识别出了胆固醇分子，

这是一种只存在于动物中的脂肪。这种生物生活在大约 5.67 亿年前，尽管

科学家对于将狄更逊蠕虫归于何种动物类型仍持不同的意见，但它无疑是

世界上已知的最古老的动物之一。

它是如何移动的？又是如何生长的？我们还并不十分了解这种令人费

解的生命形式。说来奇怪，人们在狄更逊蠕虫的身上没找到嘴巴或内脏，

这表明它可能是沿着海底移动，并通过其柔软的身体底部获取食物的。

**狄更逊蠕虫，前寒武纪，
亚洲、欧洲和大洋洲。**这
张狄更逊蠕虫的化石印痕
显示了它有一条将其分为
左右两半的中央脊。

奇虾，寒武纪，亚洲、
北美洲和大洋洲。这枚
化石显示了奇虾的一个
长而尖的口器。

奇虾

奇虾不同部位的身体化石最初被发现时，科学家认为它们属于不同的动物。圆形的口器被认为属于一种水母，长长的螯被认为属于虾！最终，人们确认，这些化石同属于一种令人难以置信的动物——奇虾。这种巨大的早期节肢动物，与甲壳类动物和昆虫有亲缘关系，它们生活在海洋中，能长到1米长。

奇虾在5亿年前就已经存在了。游泳前行时，它像拍打翅膀一样拍打着扁平身体侧面的桨状叶，助其在水中滑行。两个又长又弯的螯上排列着尖刺——用来叉住猎物。

奇虾是当时最大的动物，也是地球上首个顶级捕食者。

寒武纪
大爆发

寒武纪大爆发是指在寒武纪期间，大约 5.42 亿年前，不同的生命形式的突然爆发。在寒武纪大爆发之前，地球上只有少数的大型动物，但从那时起，涌现出了各种各样的生物。我们仍然无法确定究竟是什么导致了不同类型的生命的快速"爆发"。可能大气中氧气的增加为动物变得更大提供了可能，或者它们 DNA 的变化有助于它们演化成新的形态。在这里，你可以看到生活在那个时期的一些奇妙的动物。

怪诞虫

怪诞虫是一种奇怪的蠕虫状动物，它用细细的腿走路，背部有刺。怪诞虫的化石是在著名的加拿大布尔吉斯页岩化石遗址的寒武纪岩石中发现的。

威瓦西虫

多刺的威瓦西虫生活在海底。遍布身体的角质板甲和尖棘为它提供了保护。它的分类暂不明确，但可能是一种软体动物，与蜗牛有亲缘关系。

海口鱼

一种似鱼类的小型动物。海口鱼的特别之处在于它有一个独特的头和原始的脊椎。它被认为是所有脊椎动物的早期近亲。

欧巴宾海蝎

长相怪异的欧巴宾海蝎是一种软体动物，它拥有长长的口器，口器的末端长着一个"爪子"，可能是用来捕捉猎物的。更为奇特的是，它的头顶上长有 5 只眼睛。

奇虾

凶猛的奇虾潜藏在寒武纪的海洋中，它是一种庞大的肉食性动物，长着两只巨大的眼睛，拥有尖尖的螯。奇虾化石是在加拿大布尔吉斯页岩化石遗址中发现的。

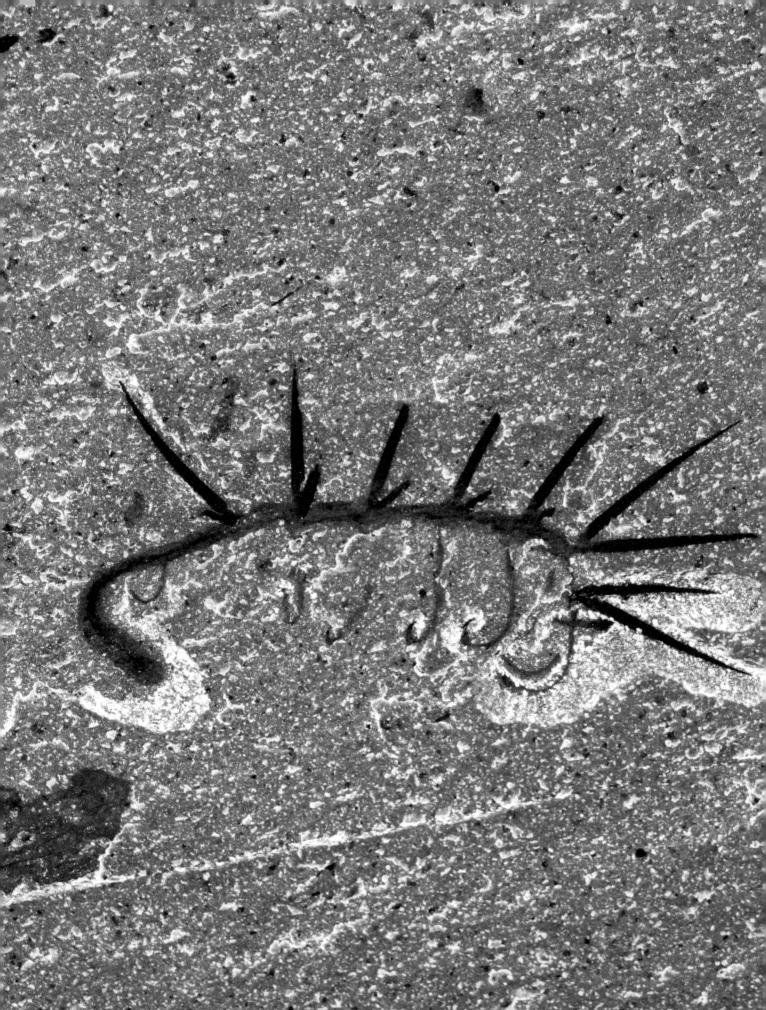

怪诞虫

怪诞虫 看起来像踩着高跷的蠕虫，古生物学家在 20 世纪 70 年代发现它的时候，感到非常困惑。这到底是种什么动物呢？它是一种像昆虫的节肢动物，还是现代天鹅绒虫的某个近亲呢？这些问题目前仍无确定的结论。即使要弄清楚怪诞虫到底长什么样都很不容易。它是以身体哪面的"腿"作为支撑点站立的呢？它的头部在身体的哪一端？这个生活在 5.1 亿年前生物的新化石表明，它的腿多达十对，背部有七对尖刺。它半圆形的嘴巴被小牙包围，喉咙里也长满了牙齿！它可能是通过吮吸食物来进食的，食物在进入胃的过程中就被切碎了。

怪诞虫这个名字的意思是"离奇怪异的虫子"，
因为它看起来实在是太古怪啦。

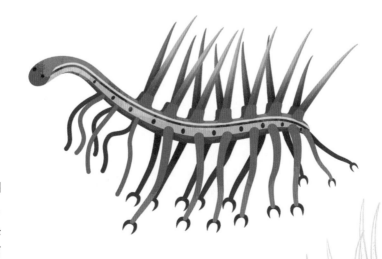

怪诞虫，寒武纪，亚洲和北美洲。 在这枚化石中，我们可以看到怪诞虫的头部在画面的左侧，上面有直直的尖刺的是背部。

库克逊蕨

库克逊蕨虽然没有叶、花或根，但是它仍然是一种植物！而且它是第一批拥有强壮茎部的植物之一，它的茎部足以支撑自己，其他的早期植物要么生活在水中，要么生长在低洼的泥地上。库克逊蕨的绿色枝干也可能通过光合作用从阳光中获取能量。

通过已经发现的化石，我们只能了解库克逊蕨在其生命周期的一个阶段——它即将通过释放种子状孢子进行繁殖时的样子。此时，在它的茎尖会形成椭圆形的孢子"工厂"——孢子囊，因此又称为顶囊蕨。库克逊蕨在其他时间看起来是什么样子的，仍然是一个谜。

库克逊蕨是最早在陆地上生长的植物之一。

库克逊蕨，志留纪到泥盆纪，世界范围内都有分布。化石顶部杯状的部分就是孢子囊，孢子就是在这里形成的。

美国纽约州的州化石，
美国是板足鲎类动物的聚集地，
特别是有一种板足鲎在那里很常见。

板足鲎

板足鲎不同于现在的任何一种生物。它属于板足鲎类动物，因有锋利的尾刺，也被称为海蝎子。板足鲎在 4 亿多年前志留纪的海底匍匐爬行，用多刺的附肢捕捉猎物。关于板足鲎吃什么，它的粪便化石提供了线索——里面发现了三叶虫、鱼类甚至其他板足鲎的遗骸！它最后一对附肢像一对桨，板足鲎就是利用这对附肢快速游泳和在海底行走的。随着它体形增长，板足鲎坚硬的外壳会不时地脱落，这些外壳的残余部分有时也会变成化石。

板足鲎，志留纪时期，北美洲。板足鲎的分节外壳像一套盔甲一样装配在一起。

南海星

    这只海星看起来似乎可以从岩石上爬下来，但它已经有大约 4.3 亿年的历史啦！南海星生活在志留纪，但即使是出现在寒武纪的第一种海星，看起来也与它们今天的亲戚惊人地相似。海星属于棘皮动物，棘皮动物还包括海胆、蛇尾和已灭绝的海蕾等，它们都有坚硬的外壳。海星靠管足沿着海底爬行，管足沿着每只腕底部的凹槽伸出来，这些凹槽形成一条直线，称为步带沟，与中心的圆形的口相通。史前海星会吞食海床上的海绵和其他无脊椎动物。

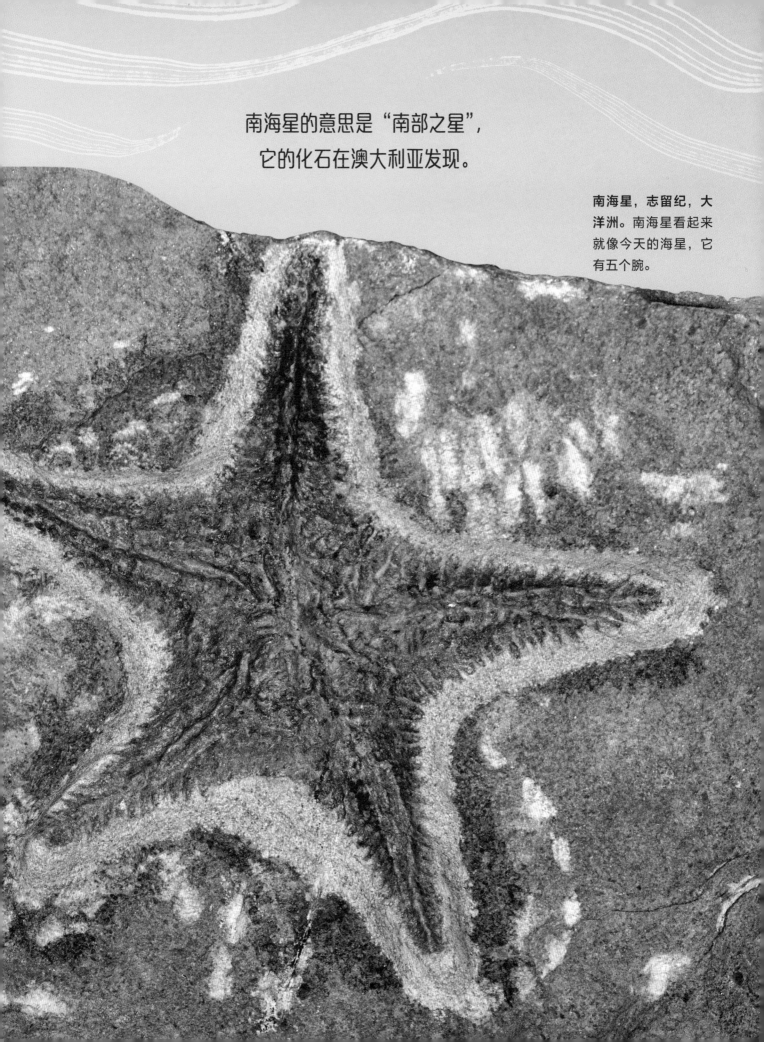

南海星的意思是"南部之星"，
它的化石在澳大利亚发现。

南海星，志留纪，大
洋洲。南海星看起来
就像今天的海星，它
有五个腕。

头甲鱼

头甲鱼或许能像鲨鱼一样"探测"到电流，
帮助自己找到猎物。

头甲鱼，泥盆纪，欧洲和北美洲。头甲鱼体长可以达到大约 25 厘米。这具身体化石显示其头甲在画面左侧。

大约 4 亿年前，生活在泥盆纪的头甲鱼，在海洋底部游动。它是一种无颌鱼类，这意味着它没有用于咀嚼食物的铰链下巴。取而代之，头甲鱼会简单地利用隐藏在头部下方的嘴从海底吸食无脊椎动物。

头甲鱼用坚硬的骨质甲片盖住它弯弯的头。事实上，它的英文名字 cephalaspis 在古希腊语中是"头盾"的意思——盾是指古希腊士兵手持的木制盾牌。这种甲片帮助它抵御寻找点心吃的大型掠食性鱼类和海蝎子。

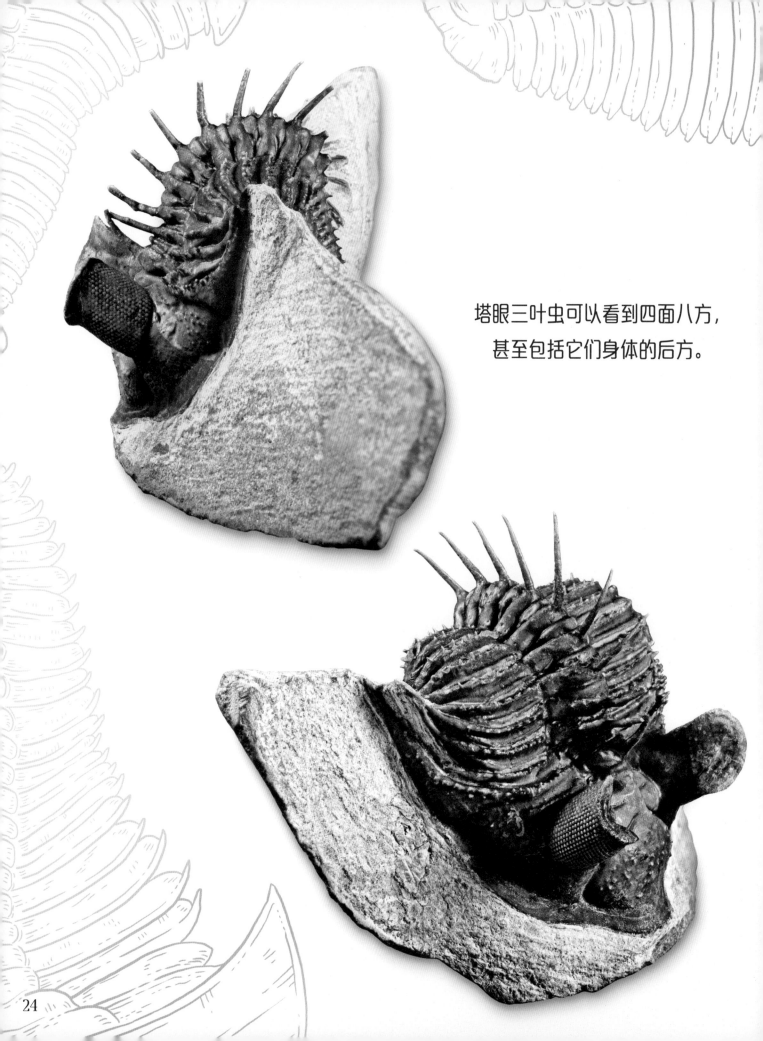

塔眼三叶虫可以看到四面八方,
甚至包括它们身体的后方。

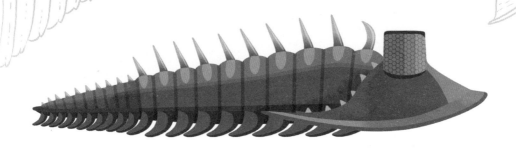

高柄镜眼虫

高柄镜眼虫看起来有点像史前土鳖虫，但它实际上是一种在海洋中爬行的三叶虫。三叶虫是一种节肢动物——节肢动物还包括蜘蛛、昆虫和土虱——它们的身体被分成了三个纵向"叶片"，因此得名。

从寒武纪到二叠纪末期，三叶虫家族生活在世界各地，而且种类繁多。有些三叶虫在硬壳的顶端或两侧长有夸张巨大的刺。塔眼三叶虫就因其具有异常高凸的眼睛而得名。其中高柄镜眼虫每只眼睛都有超过 400 个晶状体。其外面还悬垂着一块外壳，可以像睫毛一样保护眼睛。

高柄镜眼虫，泥盆纪，非洲。这些来自摩洛哥的化石有 4 亿年的历史，表明了高柄镜眼虫中央的中轴叶有刺，两片肋叶在其两边。

古羊齿

你见过长有针叶和球状果实的高大针叶树吗？或者你

见过那种长着羽毛状叶子的蕨类植物吗？将两者结合起来，

你会得到一株古羊齿！集针叶树和蕨类植物的特征于一身，以至于

当古羊齿的叶子和树干被发现时，它们属于不同的物种。事实上，古羊齿是

蕨类植物和现代树木之间的过渡——它拥有高大的木质树干，却不用种子，而是用

微小的孢子繁殖。

　　古羊齿的生存策略相当成功，它们生长在世界各地河流附近的潮湿土地上，在

那里形成了一片片的森林。人们认为其落叶在腐烂的时候给土壤增加了养分，使得

土壤更加肥沃。

古羊齿是地球上
最早生长的树木之一，
虽然它没有种子。

古羊齿，
泥盆纪至石炭纪，
世界各地均有分布。这枚
化石表明了古羊齿长着像
蕨类植物的叶子。

27

日射脊板珊瑚

日射脊板珊瑚是一种珊瑚，其化石可以用作标志化石！它柔软的身体（称为珊瑚虫）没有变成化石，但是其坚硬、角状外骨骼变成化石了。当珊瑚还活着的时候，它每天都在骨骼的顶部增加一层。通过计算化石中的层数，我们可以计算出在日射脊板珊瑚生活的泥盆纪，一年有 420 天之多——比我们现在每年的 365 天足足多出 55 天！

日射脊板珊瑚独自生活，它骨骼的尖头嵌在海底的沙子里。就像现代珊瑚一样，它通过在水中挥舞的触手捕捉微小的食物。

日射脊板珊瑚，泥盆纪，非洲、北美洲和南美洲。日射脊板珊瑚的外形就像一个号角，在身体的一端有似杯状的开口，珊瑚虫在那里生活。

日射脊板珊瑚是
一种有波状褶皱的珊瑚。

邓氏鱼

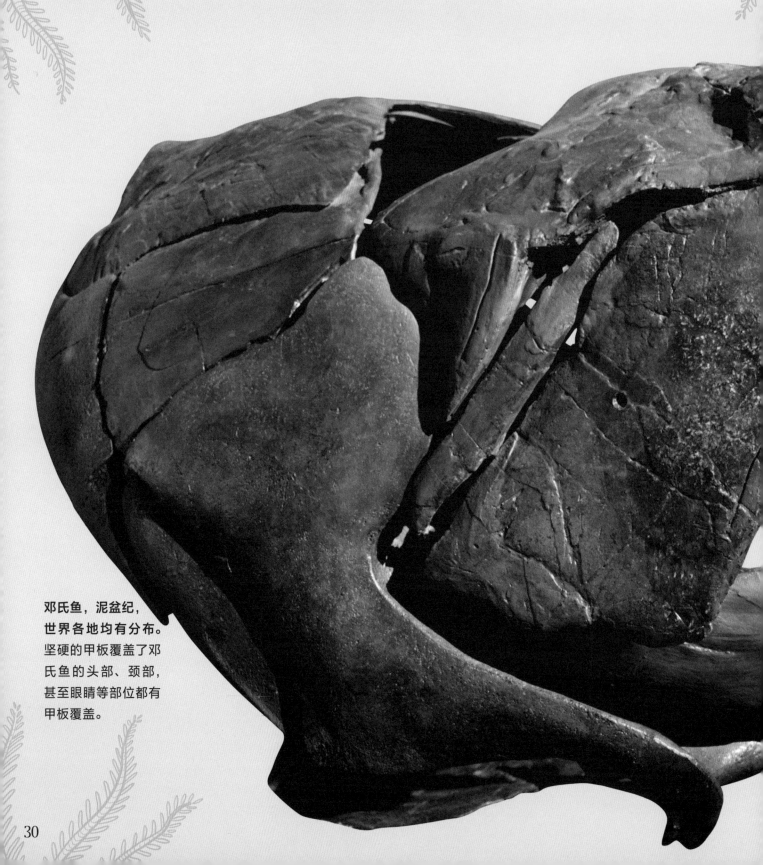

邓氏鱼，泥盆纪，
世界各地均有分布。
坚硬的甲板覆盖了邓
氏鱼的头部、颈部，
甚至眼睛等部位都有
甲板覆盖。

生活在泥盆纪的邓氏鱼是一种令人生畏的捕食者。它是当时最大的脊椎动物，体长可达9米。它的头部、颈部和身体的前半部分覆盖着坚硬的骨板，保护其免受其他大型捕食性鱼类的进攻，其中也包括其他的邓氏鱼。虽然没有牙齿，但它巨大的双颌是由骨头构成的，边缘非常锋利，可以切断并粉碎猎物坚硬的甲板或外壳。

奇怪的是，邓氏鱼及所有的盾皮鱼类在距今3.6亿年前全部都灭绝了，没有留下后代。没人能确定这是为什么。但是科学家认为，当游速更快的鲨鱼出现，来抢夺它食物的时候，邓氏鱼确实难以生存下去。

邓氏鱼的咬合力很大，称得上"水中霸王龙"。

提塔利克鱼

你能想象到在一个池塘边，看到一条鱼从水里爬到陆地上吗？令人惊叹的提塔利克鱼可以做到这一点。它兼有鱼类和四足动物的特征。提塔利克鱼像鱼一样，有鳍和鳞片，但它身体的其他部分，如扁平的头骨、强壮的四肢和可活动的脖子，则更像早期的两栖动物。科学家认为提塔利克鱼既能爬过泥泞的河岸，也能在河里游泳。

提塔利克鱼的化石发现非常重要。它的"四足鱼类"特征显示了大约 3.75 亿年前陆地动物是如何从水生动物进化而来的。

提塔利克鱼，泥盆纪，北美洲。提塔利克鱼的头是三角形的，眼睛向上。

提塔利克鱼在因纽特语中的
意思是"大型淡水鱼"。
因纽特语是这种化石
所在地的当地人的语言。

鱼石螈，泥盆纪，北美洲。你能看到鱼石螈像船桨一样的后脚上长着的七个脚趾吗？

34

鱼石螈是地球上
最早的四足动物之一。

鱼石螈

鱼石螈有点像鱼,是已知最早的两栖动物。它生活在距今 3.7 亿年前,比提塔利克鱼生活的年代晚约 500 万年。它既有可在水下呼吸的两个鳃,也有可以在陆地上呼吸的肺;既能游泳,也可以在陆地上爬行。然而,与提塔利克鱼不同的是,鱼石螈有粗壮的四肢,而非鳍,当它在沼泽、池塘之间行进时,四肢可以支撑它的身体。不寻常的是,鱼石螈的后脚上有七个脚趾!功能可能类似于帮助游泳的蹼。鱼石螈的眼睛长在头顶上,视力很好,有利于捕猎。它长而锋利的牙齿可以咬住猎物,然后将它们吞下去。

登上陆地

地球上的早期生命只生活在水中。藻类漂浮在海上，鱼类在江海中畅游。登上陆地给这些水生生物带来了许多挑战。它们如何让自己克服干燥而存活下去？又是如何开始行走的？植物形成了一种蜡质涂层——角质层，以防止水分流失，还长出强壮的茎以保持直立。与此同时，肉鳍鱼类进化出了黏糊糊的黏液涂层或鳞片，以防止自身变干，它们的鳍变成了四肢，这样它们就可以爬行和奔跑——尽管这些变化花了数百万年才完成！

轮藻

基因研究表明，陆生植物与轮藻关系最为密切。我们很难说清楚植物是何时及如何登上陆地的，但是我们知道它们大约 4.73 亿年前就登陆了。

鳞木

树状鳞木是最早的高大植物之一。它可以长到 50 米高，因为它有一个强壮的树干和一个内部运输系统来运输水和营养物质。

伞状裸蕨

伞状裸蕨是泥盆纪时期就已知的一种早期植物。它发展出了陆地生命的一个重要特征——一种杯状结构，防止其生殖细胞干涸。

新翼鱼

新翼鱼是一种生活在泥盆纪的肉鳍鱼类。肉鳍鱼类有类似四肢的鳍，被认为是有着四条腿的四足动物的祖先。

提塔利克鱼

提塔利克鱼也被称为四足鱼类，它兼有肉鳍鱼和早期四足动物的特征。它既可以生活在水里，也可能爬到陆地上。

鱼石螈

鱼石螈被认为是早期的四足动物之一，生活在泥盆纪末期的浅沼泽中。它有可在陆地上呼吸空气的肺和支撑身体的四条腿。

引螈

肉食性动物引螈是一种既能生活在陆地，也能生活在水中的两栖动物。然而，它们需要在水中产卵，但卵是硬壳的，这使它们能够进一步向陆地发展。

燕海扇

燕海扇是一种双壳类动物——软体动物的一类，有两个同等大小的硬壳。今天仍然有许多双壳类的动物，包括贻贝、牡蛎和扇贝。燕海扇的壳是扇形的，上面有锯齿状的图案。这些深色的纹路可能有助于将这种生物隐藏在环境中，从而使它不被捕食者发现。同样，坚硬的外壳保护着燕海扇柔软的内脏，但是它可以伸出触角去捕捉微小的浮游生物。

双壳类动物诞生于距今大约 5.42 亿年的寒武纪大爆发期间，当时有许多新类型的动物出现。燕海扇出现得要晚得多，是在泥盆纪。

燕海扇，泥盆纪到三叠纪，世界各地均有分布。这些燕海扇贝壳上的锯齿形图案已经存在了大约 3.6 亿年。

只有燕海扇坚硬的外壳
形成了化石并被发现。

今天使用的大部分煤炭
来自 3 亿多年前死亡的鳞木。

鳞 木

一株年轻的鳞木看起来就像一把清洗瓶子的刷子，它的树干顶端有一簇细窄的叶子。随着树木生长，下面的叶子脱落，在它们曾经与树干相连的地方留下泪珠状的疤痕。化石上的叶痕图案赋予了鳞木这个名字。这种参天大树是世界上最早的大型陆生植物之一。它的高度可达 50 米，并在底部长出不同寻常的根状树枝，以帮助它保持直立。

众多鳞木形成了茂密的森林，从大气中吸收大量的二氧化碳。二氧化碳可以给地球保温，它的减少可能导致了石炭纪末期的冰期。

鳞木，石炭纪，全世界范围内均有分布。虽然表面看起来像爬行动物的鳞片，但这些是从鳞木树干上脱落下来的老叶子留下的疤痕。

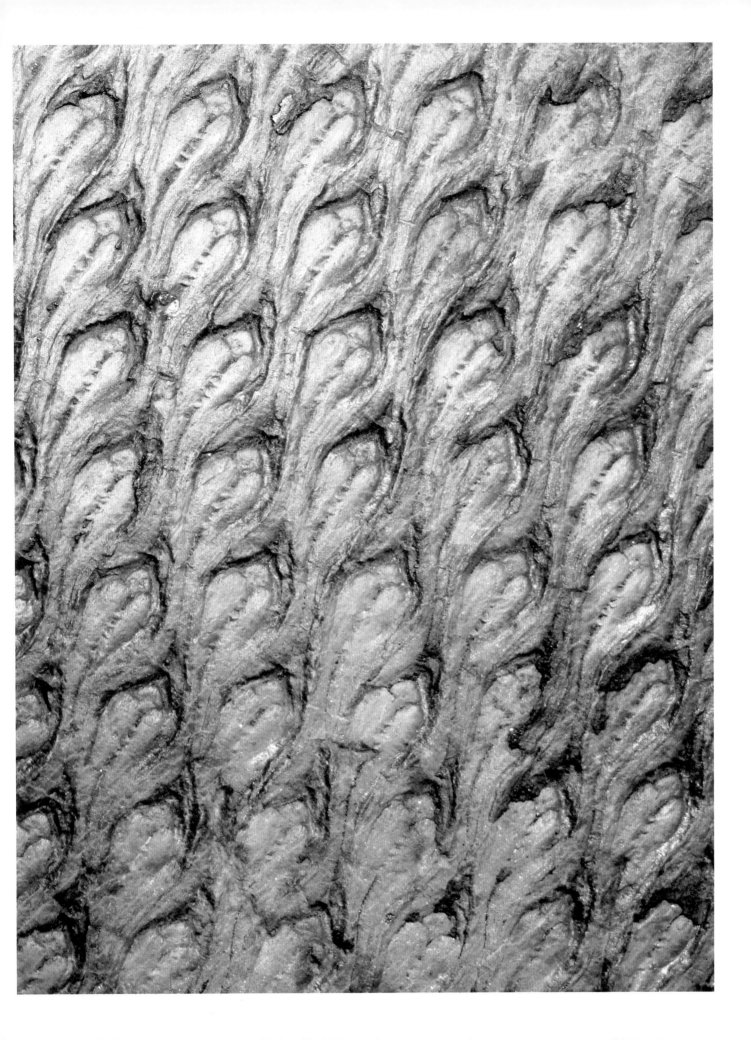

芦木，石炭纪，全世界范围内均有分布。芦木叶子的化石被称为轮叶，因为它们是与树干分开发现的，所以被分别命名。

木贼被称为"活化石"，因为它们在很久以前就已经存在，如今仍然存活。

芦木

现代木贼植物长得不高。然而，古生代的木贼植物，比如芦木，可能和树一样高！它们是最早拥有强壮直立茎的植物之一，这使它们能够长得很高。芦木有一根长长的竹子状的茎，可以达到 50 米高。树枝上长有叶子，这可能对饥饿的植食性动物很具吸引力。

3 亿多年前，芦木与鳞木生活在一起。它通过释放微小的孢子来繁殖，这些孢子产生于其树枝尖端的锥形结构——孢子叶球。

节 胸

节胸是有史以来最大的
陆生无脊椎动物。

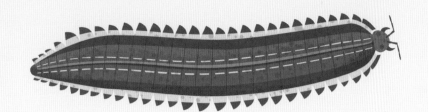

节胸是马陆和蜈蚣的远亲，是一种巨大的节肢动物。体长可达
2.5 米——比猎豹还长。人们认为，节胸之所以能长那么长，是因为它们生
活在大约 3 亿年前，那时大气中的氧气含量比较高。节胸在生活的沼泽森
林里寻找可食用的植物，事实上，节胸
是最早的大型陆地植食性动物之一。

节胸的身体大约分为 30 节，所有
部分都覆盖有坚硬的甲板。其脚印化石
看起来有点像火车轨道，由此我们可知
它的身体可以宽达 50 厘米。

节胸，石炭纪，欧洲和北美洲。
这枚化石展示了节胸一条有关节
的腿的一部分。

巨脉蜻蜓，石炭纪，欧洲。因其巨大的体形和翅膀上错综复杂的翅脉络而得名，它那些脉络看起来就像一条条神经。

原蜻蜓是有史以来
最大的飞行昆虫。

巨脉蜻蜓

你能想象出一只像猎鹰那么大的飞行昆虫吗？3亿年前，巨型飞虫在天空中很常见。巨脉蜻蜓实际上是原蜻蜓的一种，是蜻蜓的远亲。巨脉蜻蜓振动着巨大的翅膀飞来飞去，主要是捕食其他昆虫，但是它的个头儿足够大，也能捕食小型爬行动物。它从上方俯冲下来，用腿上特殊的刺抓住猎物，所以猎物一旦被抓住，就无法逃脱。

为什么今天没有那么大的昆虫？这可能是因为在石炭纪，空气中氧气的含量比今天高，昆虫呼吸获取氧气更容易，于是体形也长得更大。

三角海蕾

海蕾生活在大约 4.72 亿—大约 2.52 亿年前的地球上，
它们在一次大规模灭绝事件[1]中完全灭绝。

①译者注：二叠纪末期灭绝事件。

三角海蕾，二叠纪，亚洲。
图片展示的任何一块三角
海蕾的鞘膜化石，你的手
掌都能放得下。

这种生物长柄上长着羽状复叶，在水下轻轻摇曳，你可能
会误认为它是植物。然而，它实际上是海星和海胆的近亲，称为
海蕾。海蕾（如三角海蕾）生活在海洋中，由一根茎固定在海底，
它们的身体叫作鞘膜，在顶部。这层鞘膜由硬板保护，有五个呈
星形排列的凹槽。细如毛发的触须从凹槽中伸出来，将微小的食
物颗粒困在水中，然后再送到藏在触须里的嘴巴中。

异齿龙

异齿龙可以长到 4.6 米长——
和一条咸水鳄差不多长。

异齿龙最引人注目的地方是它背上的"高帆"。这高帆可能颜色鲜艳，可以帮助异齿龙吸引配偶。然而，高帆并不是异齿龙唯一的奇特特征——它还有不同寻常的大小各异的泪珠状牙齿。异齿龙名字的含义就是"不同形态的牙齿"，因为它的双颌中有大大的和小小的牙齿。在大约 2.95 亿年前的早二叠纪，异齿龙作为一种顶级捕食者，可能以捕获到的任何东西为食！

虽然异齿龙看起来有点像恐龙，但它每只眼睛后面的头骨上都有一个洞，这表明它与哺乳动物的关系更近。而作为爬行动物的恐龙，每只眼睛后面各有两个洞。

异齿龙，二叠纪，欧洲和北美洲。异齿龙的背帆由长而多的骨刺支撑。

51

西蒙螈的下颌长满了尖牙，
上颌也有牙齿。

西蒙螈

看着西蒙螈的骨架，你可能想知道它是一种什么类型的动物。这种动物不仅有一个宽大的三角形头骨——这是两栖动物的典型特征，还有强壮的腿，可以将它的身体有力地撑起，这样的它更像一只爬行动物。事实上，2.9 亿年前的西蒙螈被认为是两栖动物和早期爬行动物之间的过渡物种。它可能主要生活在陆地上，以无脊椎动物和植物为食。然而，西蒙螈近亲的化石表明，它的幼崽可能有鳃。这意味着，就像青蛙一样，西蒙螈在成长过程中经历了变态——从水里生活的幼体变成在陆地上生活的成体。

西蒙螈，二叠纪，欧洲和北美洲。西蒙螈强壮的腿部和肋骨表明它能在陆地上行走。

旋齿鲨,二叠纪,世界范围内均有分布。这个螺旋状的旋齿鲨牙齿显示出朝向螺旋中心的是较老、较小的牙齿。

旋齿鲨

旋齿鲨是一种奇异的鱼，它看起来有点像嘴里长着一把圆锯的鲨鱼。它的骨架是由软骨构成的，所以人们主要通过旋齿鲨奇特、环状的牙齿化石了解它，这种牙齿被称为"螺旋齿"。随着这种鱼越长越大，螺旋齿的外侧形成了更大的牙齿，而较老旧的、较小的牙齿被推到螺旋的中心。

100多年来，没人知道旋齿鲨的螺旋齿长在哪个位置。古生物学家认为它长在旋齿鲨的尾巴上、鼻子上，甚至背鳍上！然而，新的发现表明螺旋齿长在这种鱼的下颌内。当旋齿鲨闭上嘴巴的时候，这些牙齿向后旋转，将捕获的软体猎物撕碎。

**虽然 2.8 亿年前的旋齿鲨外表像鲨鱼，
但它与现代银鲛鱼的关系更为密切。**

似拖第蕨，二叠纪至侏罗纪，亚洲和欧洲。这片似拖第蕨的叶子显示出小叶从主茎上分叉了。

似拖第蕨

蕨类植物已经存在了大约 3.6 亿年，
时至今日，它们在全球各地仍随处可见。

在侏罗纪，对于大多数大型植食性动物来说，能找到叶子茂盛的似拖第蕨是一件非常开心的事情。这些蕨类植物有一簇从底部展开的绿色复叶。似拖第蕨是皇家蕨类植物家族的一员，它的一些近缘种类至今仍然存在。

似拖第蕨的化石表明这些叶子能产生微小孢子，新的蕨类就从这些孢子中生长而出。其叶子下面有成簇成串的孢子。蕨类植物不产生孢子时的叶子看起来非常不同。事实上，那些没有孢子的叶子化石有一个完全不同的名字——枝脉蕨。

中生代

2.52 亿—6600 万年前

中生代又被称为"爬行动物时代"，可分为三叠纪、侏罗纪和白垩纪三个时期，在晚三叠世，恐龙出现，并最终成为占据主导地位的陆地动物。一系列爬行动物也统治着海洋和天空。在这一时期，陆地发生了巨大的变化——联合古陆分裂开来，到了白垩纪晚期，各大陆的位置和今天几乎一样。当一颗巨大的小行星撞击地球灭绝了大量的生物时，这个时代在这一声巨响中结束了。

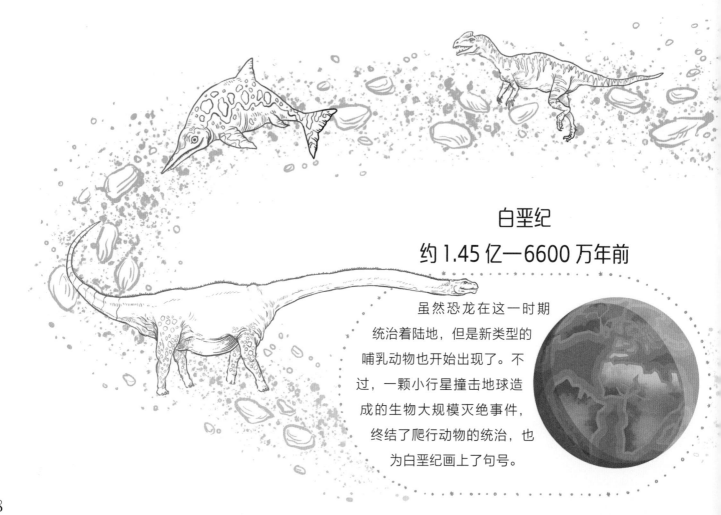

白垩纪
约 1.45 亿—6600 万年前

虽然恐龙在这一时期统治着陆地，但是新类型的哺乳动物也开始出现了。不过，一颗小行星撞击地球造成的生物大规模灭绝事件，终结了爬行动物的统治，也为白垩纪画上了句号。

三叠纪
2.52 亿—2.01 亿年前

在三叠纪时期,
联合古陆开始分裂并形成两
个新的大陆:劳亚古陆和冈
瓦纳古陆。针叶林在陆地上
蔓延开来,哺乳动物的祖先
和恐龙都首次出现,但这一
时期以一次大规模灭绝事件
终结。

侏罗纪
2.01 亿—约 1.45 亿年前

在侏罗纪时期,恐龙、
鳄鱼和翼龙统治着大陆。在
侏罗纪中期,最早的鸟类从
恐龙演化而来,显花植物也
开始开花。大陆继续分裂和
漂移。

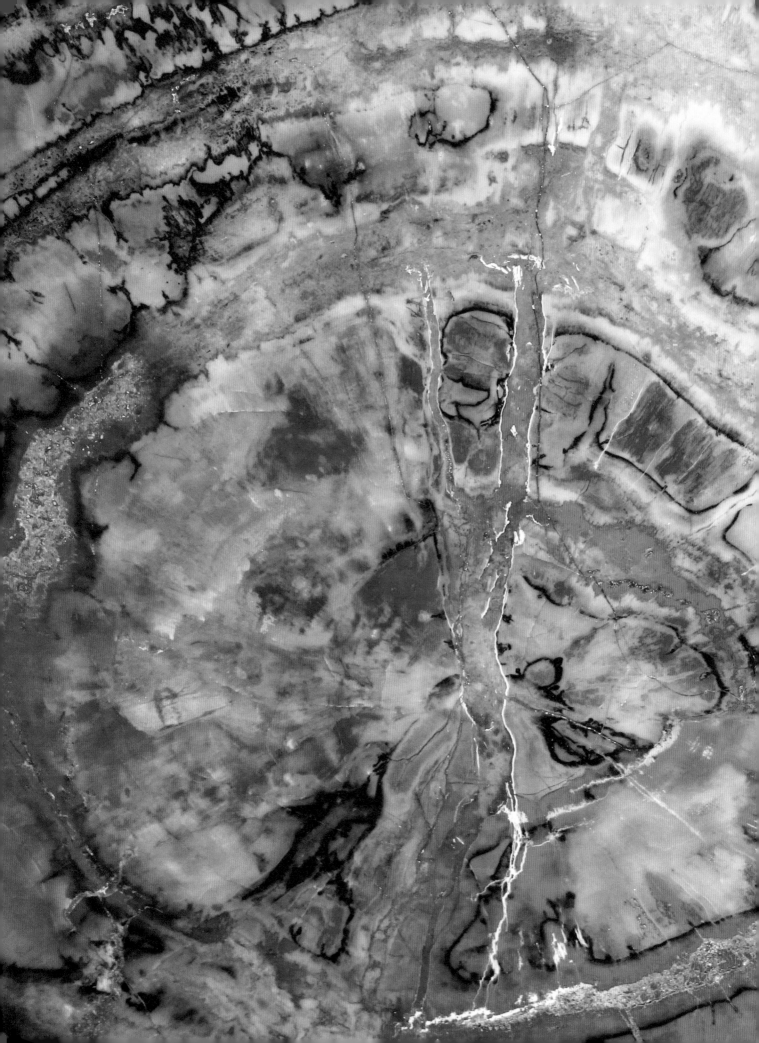

南洋杉型木

在侏罗纪时期，像南洋杉型木这样的巨大针叶树，在美国的亚利桑那州遍布开来，形成了茂密的森林。今天，它们的树干化石早已经石化形成了硅化木。树木死亡并被火山灰掩埋后，常常会发生石化，"变成石头"。随着时间的推移，灰烬中的矿物质（如石英）会取代木质。硅化木色彩丰富，有时也被称为"彩虹木"。硅化木上鲜艳的颜色来自矿物质中的不同物质，例如，红色来自铁，黑色来自碳。如果木材保存完好，在显微镜下检查薄片时，仍然可以看到植物的原始细胞！

硅化木材质非常坚固，已被用作建筑材料。

南洋杉型木，三叠纪，北美洲。这棵南洋杉型木的树干经过切割和抛光，可以看到内部明亮鲜艳的色彩。你还可以看到树木中的年轮呢！

埃雷拉龙

埃雷拉龙的化石仅发现于阿根廷。

埃雷拉龙,三叠纪,南美洲。
埃雷拉龙有一副细长的骨架,
一条长长的尾巴可以帮助它
保持平衡。

埃雷拉龙是最早的恐龙之一。它生活在 2.3 亿年前的三叠纪，那时恐龙才刚出现。科学家们如今仍然在讨论着埃雷拉龙属于什么类型的恐龙，有一点可以肯定，它绝对是一种肉食性动物。修长而有力的腿使它成为一名快速的"短跑运动员"，短短的前肢装备着致命的弯曲利爪。埃雷拉龙的双颌排列着锋利的牙齿，非常适合吞食小型植食性恐龙和其他爬行动物。埃雷拉龙这些具有威胁性的武器也可能用于同类间的互相攻击——一个化石标本显示其头骨上留有另一只埃雷拉龙牙齿造成的穿刺痕迹。

兽脚亚目恐龙

大多数的肉食性恐龙都属于兽脚亚目。许多兽脚亚目恐龙有着短小的前肢、修长的后肢、锋利的牙齿和爪子。它们通常依靠后肢行走。然而，它们的体形和饮食习惯差异很大——较小的兽脚亚目恐龙以无脊椎动物为食，比如各种昆虫；其他的兽脚亚目恐龙吃鱼；它们最大的猎物是植食性恐龙。有些兽脚亚目恐龙甚至吃植物！尽管大多数恐龙在白垩纪末期的大灭绝事件中灭绝了，但一些兽脚亚目恐龙幸存了下来——这些幸存者就是鸟类。

牙齿：许多兽脚亚目恐龙都有锋利、尖锐且通常是锯齿状的牙齿，用来切碎肉。

棘龙

棘龙是人们发现的唯一一种长时间在水里生活的恐龙。它有一个桨状的尾巴，可以帮助它游泳，因为它需要在白垩纪的非洲河流中捕食鱼类。

爪子：尖锐无比的爪子用于抓住猎物。大多数兽脚亚目恐龙的前足有三或四个指爪。

冰脊龙

冰脊龙因其化石在南极洲发现而为人所知。它的头顶上有一个冠状物，并可能全身都覆盖着蓬松的羽毛——就像许多兽脚亚目恐龙一样。

曙奔龙

这是最早的恐龙之一——曙奔龙出现在距今 2.31 亿年的晚三叠世。这是一个来自南美洲的轻量级猎人。

镰刀龙

这种不寻常的兽脚亚目恐龙是一种植食性动物。镰刀龙利用弯曲的利爪保护自己，通过喙来帮助自己觅食树叶。

尾巴：当兽脚亚目恐龙用两个后肢走路的时候，长长的尾巴可以帮助平衡身体的重量。

腿：兽脚亚目恐龙依靠后肢行走，它的后足有四个脚趾——第一个脚趾较小，位于脚踝处。

摩尔根兽

摩尔根兽，三叠纪到侏罗纪，亚洲和欧洲。这枚化石展示了一只摩尔根兽的下颌及锋利的牙齿。

摩尔根兽四处乱窜，尽量不被发现，它是最早存在的似哺乳爬行动物之一。它首次露面是在 2.05 亿年前的三叠纪的森林中。这种毛茸茸的小动物，体形只有老鼠那么大，却有一双大大的眼睛，这表明它是夜行性动物。白天，摩尔根兽可能会躲在洞穴里，以躲避贪婪恐龙的撕咬。到了晚上，它在森林的地面上蹦蹦跳跳，寻找松脆的昆虫，然后用尖尖的牙齿把它们咬碎。

作为一种不寻常的似哺乳爬行动物，人们认为摩尔根兽会产下小而结实的蛋，就像今天的鸭嘴兽和针鼹一样。然而，它很可能像所有哺乳动物一样，用乳汁喂养幼崽。

摩尔根兽的一生中有两副牙齿——
第一副乳牙在它成长的过程中会被恒牙所取代。

尖背菊石，侏罗纪，欧洲和北美洲。这枚尖背菊石化石来自英国，被切成了两半，显示出了壳内的腔室，里面充满了五颜六色的矿物质。

一些菊石外壳可以长到 2 米宽。

尖背菊石

菊石，例如尖背菊石，在海洋中游动，与章鱼和乌贼关系密切，但它们生活在坚硬的外壳中。随着菊石的生长，它会以螺旋状的方式在外壳上增加腔室。这种软体动物住在最外面的腔室里，以便伸出触手去抓猎物。

菊石生活在 2 亿年到 6600 万年前。人们已经鉴定出 10000 种不同种类的菊石。大部分菊石的外壳是盘绕的，但也有一些是尖尖的，还有的长得像长号一样，也有的像扭动在了一起——看起来就像缠在一起的线团一样。

冰脊龙，侏罗纪，南极洲。这具修复过的化石骨架显示了冰脊龙是如何利用双腿站立，并用长长的尾巴保持平衡的。

冰脊龙

冰脊龙活着的时候，
是最大的肉食性恐龙之一。

惊讶吗？ 南极洲也能发现体长 6.5 米的恐龙！不过，在冰脊龙生活的大约 1.94 亿年前，气候与当今的十分不同。在侏罗纪时期，南极洲还不在现在的位置，而是位于更北的地方，气候比今天温暖得多，覆盖着乔木和灌木。冰脊龙是这片大陆的顶级捕食者，它用两个后肢支撑身体四处寻找猎物。在冰脊龙的化石中发现了一枚早期哺乳动物的牙齿，这表明当时哺乳动物已经进入了这位捕食者的菜单。

冰脊龙最显著的特征之一是从鼻子到前额的头冠。它的作用可能是用来吸引异性同伴。

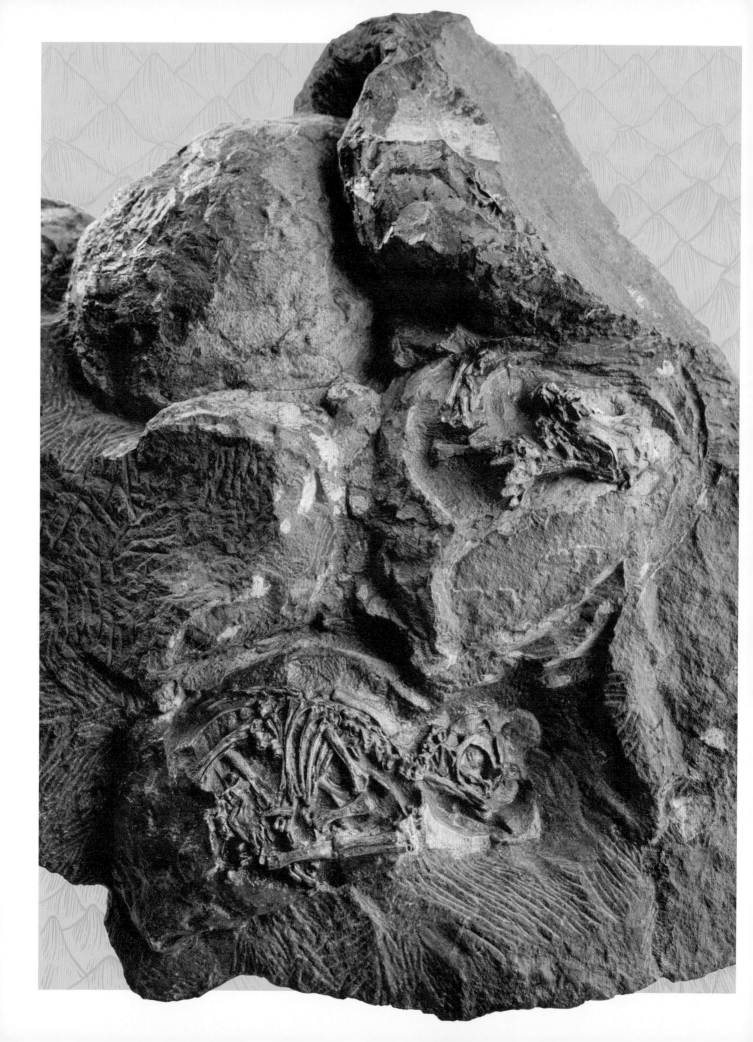

大椎龙，侏罗纪，非洲。
1976 年，在南非发现了大椎龙的蛋，你甚至可以看到恐龙蛋里的小恐龙。

大椎龙

尽管大椎龙并不是在非洲发现的第一种恐龙，但在 1854 年，它成了第一种被命名的非洲恐龙。"大椎"的意思是"长长的脊椎"，因为它的脊椎骨真的很长。我们从许多化石中得知，这是一种相当常见的恐龙，通过对其骨骼的研究，科学家得知大椎龙需要超过 15 年的时间才达到成年体形——从鼻子到尾巴的长度有 6 米。

大椎龙产下的蛋呈椭球形，有鸭蛋大小。20 世纪 70 年代，一个有 1.9 亿年历史的大椎龙巢穴中的一部分被发现了，其中可能包含有史以来发现的最古老的恐龙蛋。令人惊讶的是，其中一些恐龙蛋里面还保存着一些未孵化的小恐龙。

**幼年大椎龙用四肢行走，
但是成年大椎龙通常用两个后肢走路。**

狭翼鱼龙，侏罗纪，欧洲。这具保存完好的狭翼鱼龙化石来自德国，它不仅展示了狭翼鱼龙的骨骼和牙齿，还展示了它整个身体的轮廓。

狭翼鱼龙

"鱼龙"一词在古希腊语中的意思是"鱼蜥蜴"。

狭翼鱼龙有着鱼雷形状的身体、有力的尾巴和狭窄的鳍状肢，它能够在侏罗纪的海中疾驰而过。它又长又尖的口鼻处长着许多圆锥形的牙齿，用来撕咬晚餐。它最喜欢的食物是鱼和鱿鱼。

虽然狭翼鱼龙很像海豚，但它属于一种叫作鱼龙的海洋爬行动物。狭翼鱼龙生活于大约 2.5 亿年到 9000 万年前的中生代，体长从 1 米到 30 米不等。人们在一些鱼龙化石中发现了它们的幼崽，这表明它们是卵胎生，直接生出孵化的幼体。甚至还有一个保存下来的狭翼鱼龙化石是正在分娩的状态。

鳞齿鱼的身体覆盖着鳞片，
鳞片被釉质硬化——
就像我们的牙齿。

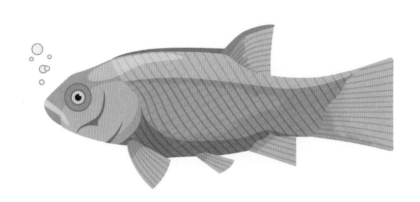

鳞齿鱼

这是弹珠吗？还是精雕过的宝石？不，它们是鳞齿鱼的牙齿化石。

这种肉食性鱼类有很多种，它们在大约 1.8 亿年到 9400 万年前的侏罗纪和

白垩纪时期很常见。鳞齿鱼既可以在淡水中也可以在浅海中生活与猎食。

像现代的鲤鱼一样，它的嘴可以形成一个管子，吸食贝类和其他无脊椎

动物。它坚硬又圆润的牙齿可以轻易压碎坚硬的贝壳。

人们首次发现鳞齿鱼的牙齿化石时，称其为"蟾蜍石"。人们以为它们

长在蟾蜍体内，具有可以防毒的神奇力量。

鳞齿鱼，侏罗纪到白垩纪，世界范围均有分布。鳞齿鱼的牙齿呈圆形并聚集在一起。

滑齿龙

滑齿龙是一种上龙类海洋爬行动物，它在侏罗纪时期繁衍生息。

体长能达到 7 米，看上去就像一条长着鳍的超大鳄鱼。滑齿龙是一种顶级海洋捕食者。它装备着可怕的尖牙，从嘴里向外伸出，它还长有扁平的桨状四肢，帮助自己在水中前进。它最喜欢的零食可能是较小的爬行动物、乌贼、鱼，或者它想吃的任何东西！与一般爬行动物不同的是，滑齿龙是直接在海中生下幼崽的，它们并不产蛋。也就是说，它们不会努力爬到陆地上筑巢。

滑齿龙，侏罗纪，欧洲。
滑齿龙有着令人难以置信的长颌骨，四只鳍状肢助其快速游动。

人类头部的长度大约是身高的八分之一，
但是滑齿龙的头部大约占据
其总长度的五分之一。

南洋杉球果

大约 1.6 亿年前，阿根廷的一座火山爆发，将一片南洋杉森林掩埋在火山灰中。随着时间的推移，这些树木逐渐石化，而今天，这一位置散布着石化的树干和球果。南洋杉是一种在侏罗纪时期很常见的针叶树，它的球果里装满了种子，可以长成新的树苗。

有其他种类的南洋杉存活了下来，但与中生代的相比，它们在世界上被发现的地点要少得多。远古的南洋杉的叶子是长脖子的蜥脚亚目恐龙最喜欢的食物，这些蜥脚类恐龙是少数能接触到这种植物的植食性动物之一。

南洋杉可以长到100米高，
比一幢30层的建筑物还要高！

南洋杉球果，侏罗纪，南美洲。
这个南洋杉球果化石被切成了两半，并经过抛光，最大的球果长达8厘米。

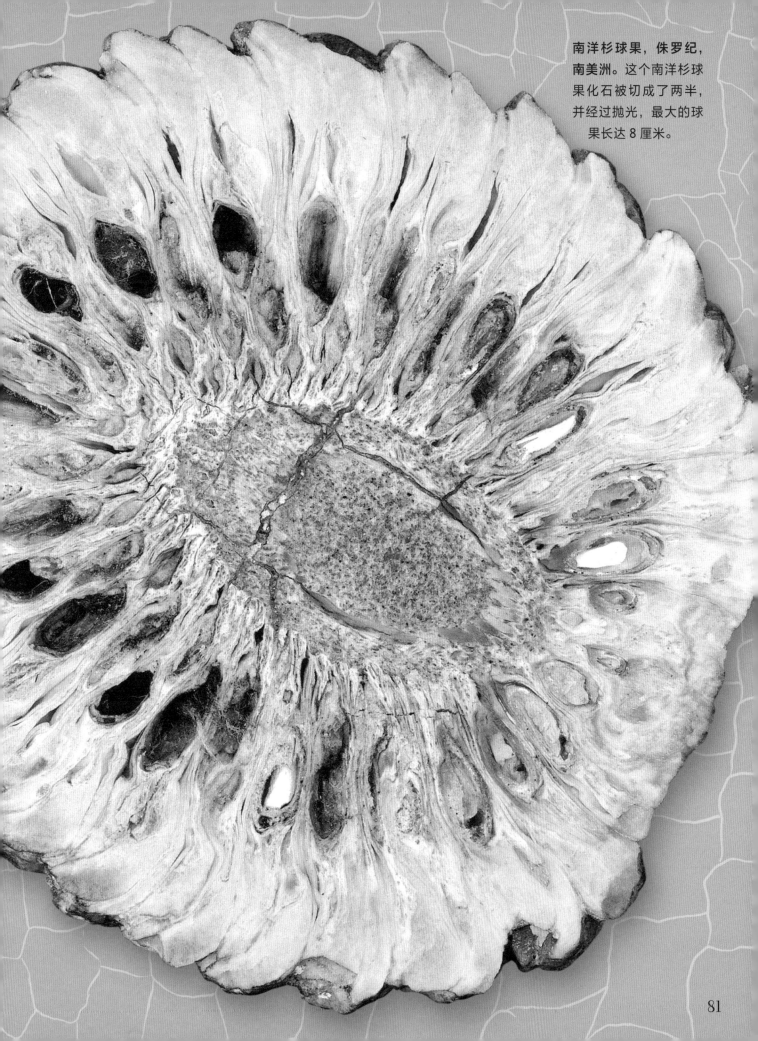

南洋杉球果，侏罗纪，南美洲。这个南洋杉球果化石被切成了两半，并经过抛光，最大的球果长达 8 厘米。

奇翼龙，侏罗纪，亚洲。2007 年左右，科学家在中国发现的一块化石中辨认出了奇翼龙。它的羽毛和牙齿都清晰可见。

奇翼龙

奇翼龙保持着最短的恐龙拉丁学名纪录，因为它的属名（Yi）只由两个字母构成。

　　奇翼龙是一种不寻常的恐龙，它看起来像是鸟和蝙蝠的混合体！奇翼龙像鸟类一样，身体的大部分都覆盖着羽毛，还长有尖尖的喙，但它也有着蝙蝠一样的翼膜翅膀，长长的"手指"和"手腕"之间有片状的皮肤。奇翼龙是被发现的第一种拥有像蝙蝠翼手一样的翅膀的恐龙，其所在的恐龙家族在 2019 年迎来了一个新成员，它就是浑元龙。

　　奇翼龙的大小和喜鹊差不多，人们认为它栖息在树上，通过翅膀在树枝之间轻轻地滑翔。大约 1.59 亿年前，在奇翼龙生活的森林里，它可能用嘴巴前部的几颗小牙齿来捕食森林中的小动物。

异特龙

异特龙看起来有点像霸王龙，虽然它们都生活在北美洲，但是这种恐龙生活在近 1.5 亿年前，比霸王龙早很多。虽然异特龙没有霸王龙那么大，但它的前肢比较大，每个前肢都有三根"手指"，末端是可怕弯曲的利爪。异特龙长而参差不齐的牙齿，就是为了狩猎而生的。古生物学家对异特龙头骨的研究表明这种恐龙具有极佳的嗅觉，这非常有用，让它可以嗅出剑龙等猎物从而锁定它们的位置。

　　除了骨头化石，人们还发现了一些异特龙的脚印化石。脚印化石被称为痕迹化石，它们可以告诉我们关于恐龙如何行进的很多信息。例如，大约在 1.56 亿年前，异特龙用两个后肢直立行走。

人们通过各个年龄段的化石了解异特龙，
这些恐龙化石有幼年的，有青少年时期的，也有成年的。

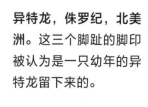

异特龙，侏罗纪，北美洲。 这三个脚趾的脚印被认为是一只幼年的异特龙留下来的。

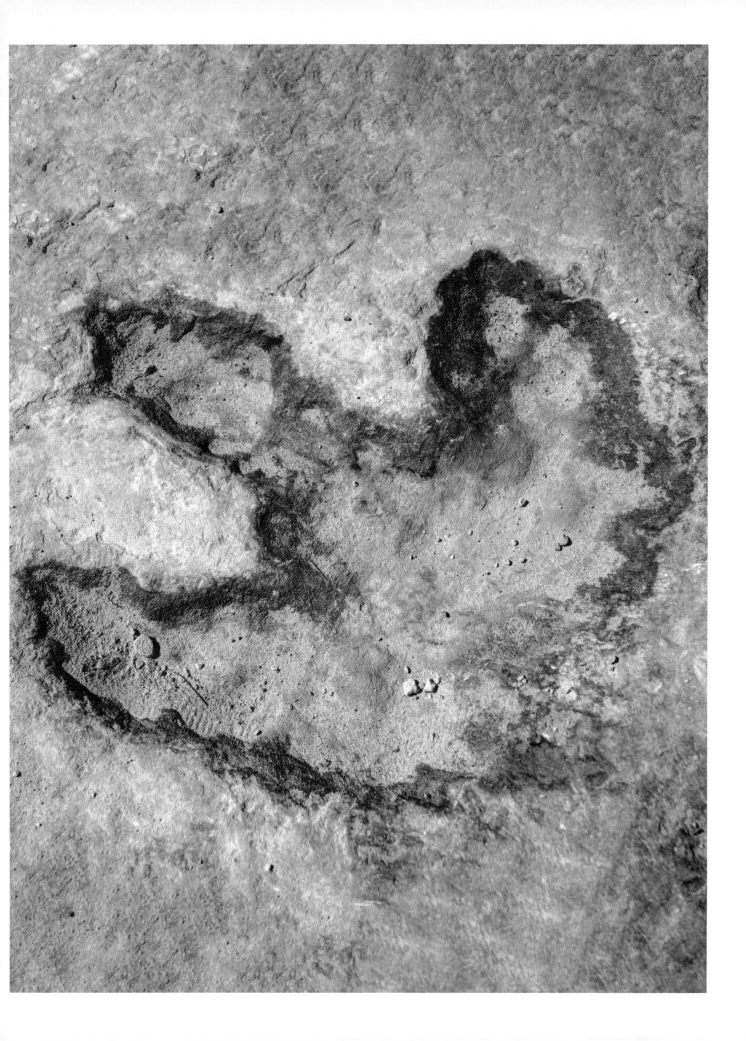

剑龙

剑龙，侏罗纪，欧洲和北美洲。这具化石显示了剑龙从脖子一直到尾巴的背部的骨质板。

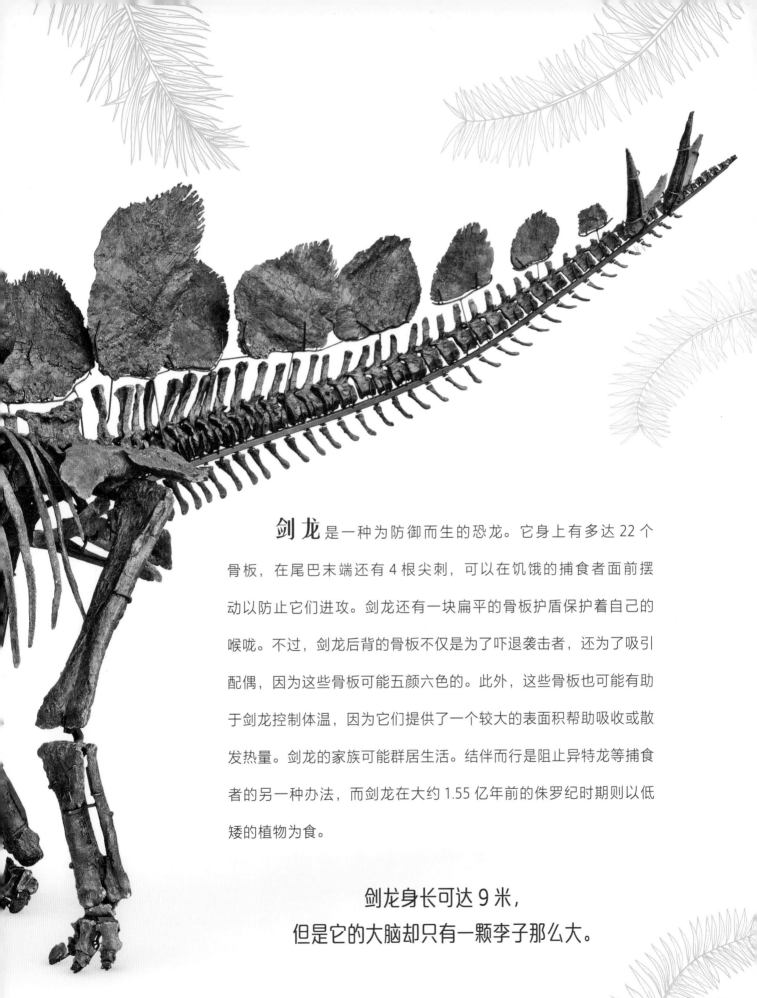

剑龙是一种为防御而生的恐龙。它身上有多达 22 个骨板，在尾巴末端还有 4 根尖刺，可以在饥饿的捕食者面前摆动以防止它们进攻。剑龙还有一块扁平的骨板护盾保护着自己的喉咙。不过，剑龙后背的骨板不仅是为了吓退袭击者，还为了吸引配偶，因为这些骨板可能五颜六色的。此外，这些骨板也可能有助于剑龙控制体温，因为它们提供了一个较大的表面积帮助吸收或散发热量。剑龙的家族可能群居生活。结伴而行是阻止异特龙等捕食者的另一种办法，而剑龙在大约 1.55 亿年前的侏罗纪时期则以低矮的植物为食。

剑龙身长可达 9 米，
但是它的大脑却只有一颗李子那么大。

装甲亚目

装甲的意思是"持有盔甲"，我们可以很容易理解为什么会给这一类型的恐龙起这个名字——无论是长着长尾刺、尖板还是被覆厚皮，这些恐龙都披着"盔甲"。大多数装甲亚目恐龙为植食性动物，经常被肉食性动物捕食。装甲亚目可以分成两个较小的类：剑龙类和甲龙类。剑龙类有巨大的背板和布满尖刺的尾巴。甲龙类则体格更健壮，皮肤厚实而多骨，肉食性动物很难咬穿。有些甲龙类恐龙甚至有类似狼牙棒的尾部棍棒作为武器。

嘴巴
装甲亚目用尖喙来收集植物。

板状结构
尖刺状的骨板充当武器，但也可能是为了炫耀。

尾部尖刺
左右摇摆的尾部尖刺是危险的武器。

剑龙

剑龙是一种典型的剑龙类恐龙。它的后背有两排巨大的骨板，尾巴的末端长着骨质尖刺，甚至有块骨板盾甲保护着它的喉咙。

锤状尾巴
尾巴上一个圆形的骨锤
可用来击打攻击者。

装甲厚骨
厚厚的装甲让甲龙类
的表皮格外厚实。

尖刺
尖刺和结节分布在甲
板上，起到额外的保
护作用。

包头龙

像包头龙这样的甲龙类恐龙是有史
以来装甲最坚固的恐龙之一。它有着厚
厚的甲板、尖尖的骨刺和一根沉重的锤
状尾巴。这种白垩纪时期的植食性动
物可能很难被大型的肉食性动物吃掉。

多刺甲龙

并不是所有的甲龙都有锤状的尾
巴。多刺甲龙属于甲龙类中的结节龙
类。它在尾巴上没有武器，但它有很
多防御性的尖刺。

钉状龙

钉状龙是一种剑龙类恐龙，它的
利刺比剑龙更尖。它的许多背部甲刺
又锋利又尖锐，因此得名。就像其他
的剑龙类恐龙，它下巴窄小，以啃食
树叶为生。

梁龙，侏罗纪，北美洲。梁龙长着梳子样的钉状牙齿，用来剥掉树枝上的叶子。

梁龙

梁龙有着长长的脖子和尾巴，是一种典型的蜥脚亚目恐龙。

像鞭子一样的尾巴大约由 80 块骨头组成，梁龙可能会为了防御而挥舞它。尾巴还可能有助于平衡梁龙脖子的巨大重量，保证梁龙不会摔倒。我们不确定梁龙能把脖子抬多高，但为了够到高处树枝上美味的叶子，它可能会用后肢站立起来，用尾巴做支撑。恐龙皮肤印痕化石至今已经超过 1.5 亿年了，这些印记被认为是梁龙留下的。他们认为梁龙的脖子、背部和尾巴上都有铅笔长度的尖刺。

体长达到 26 米，
差不多相当于一头普通蓝鲸的大小。

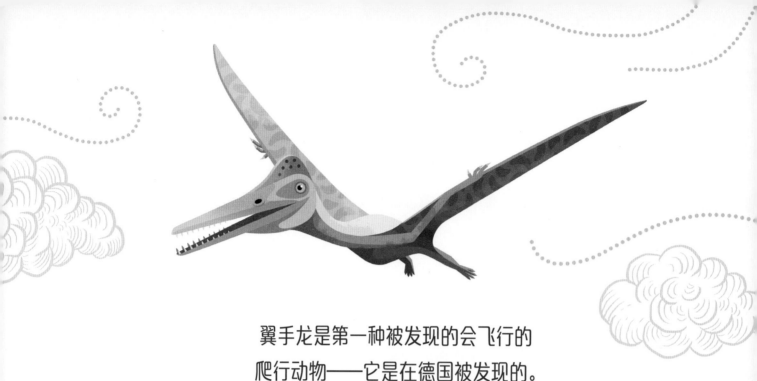

翼手龙是第一种被发现的会飞行的
爬行动物——它是在德国被发现的。

翼手龙

翼龙目中的一员,它们是一群经常被误认为恐龙的会飞的爬行动物。1.55 亿年前,翼手龙这种有鳞片、有翼膜的"怪物"以蝙蝠般的翼在天空中翱翔,翼的跨度达 1 米,由皮膜形成的翼面从长长的指尖一直延伸到腿部。

翼手龙可以折叠起翅膀行走,这意味着它也是陆地上一种凶猛的捕食者。它有大约 90 颗尖牙,用来捕食无脊椎动物和其他小动物。就像翼龙目许多其他动物一样,有证据表明,翼手龙的头上有一个羽冠,这可能是用来吸引配偶的。

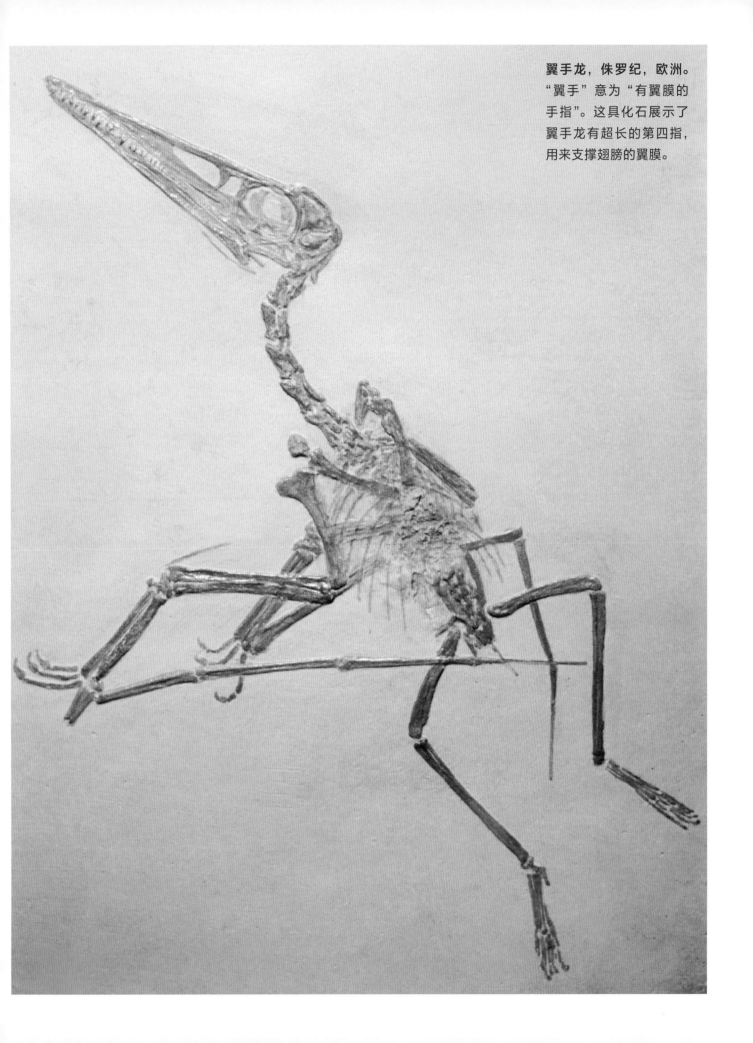

翼手龙，侏罗纪，欧洲。"翼手"意为"有翼膜的手指"。这具化石展示了翼手龙有超长的第四指，用来支撑翅膀的翼膜。

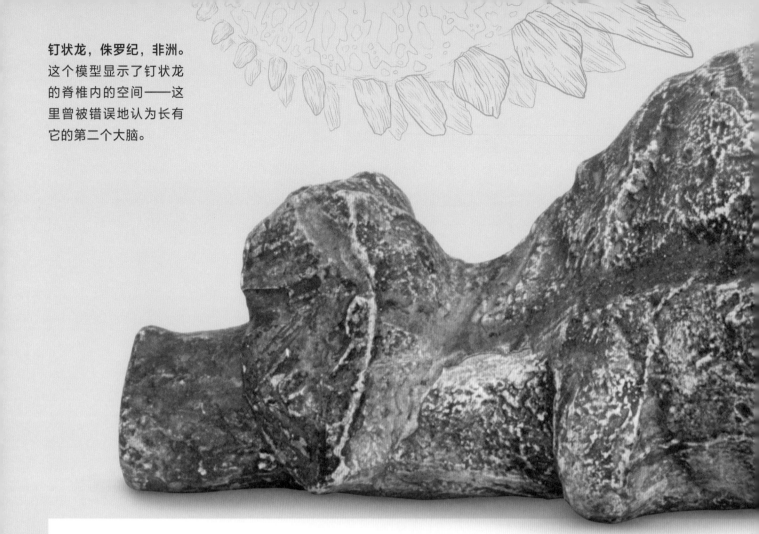

钉状龙，侏罗纪，非洲。这个模型显示了钉状龙的脊椎内的空间——这里曾被错误地认为长有它的第二个大脑。

钉状龙

化石证据表明，
雄性和雌性的钉状龙的后肢骨略有不同，
但是科学家不知道哪种属于雄性，哪种属于雌性！

钉状龙同它的北美亲戚剑龙一样，后背上也有成排的骨板。然而，钉状龙的骨板不是又宽又平的，而是比较尖锐的，尤其是臀部和尾部的骨板。钉状龙肩膀和尾巴上的刺特别长，或许能有效地赶走捕食者。所有的钉状龙的化石都是在坦桑尼亚的大约 1.52 亿年前的侏罗纪地层中发现的。这意味着钉状龙和剑龙是同一时期的，但它的体形大概只有剑龙的一半。

　　在剑龙和钉状龙等剑龙科恐龙的脊椎骨化石中，人们发现了一个很大的空间，比它们大脑占的空间还要大。这导致人们曾误以为剑龙有两个大脑！

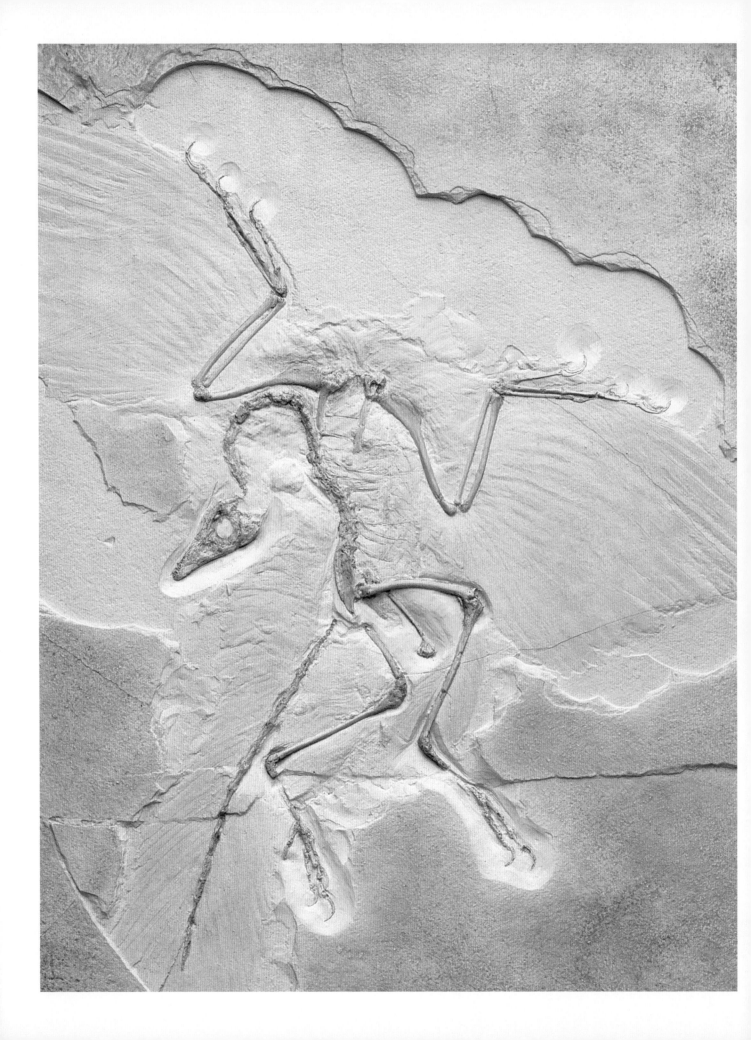

始祖鸟，侏罗纪，欧洲。
在这个被称为柏林标本
的化石上，我们可以看
到羽毛的印记，该化石
发现于 1870 年左右。

我们知道，
始祖鸟的羽毛有深浅两种颜色。

始祖鸟

始祖鸟是人们发现的第一种长有羽毛的恐龙。它的化石很特别，因为化石显示出始祖鸟兼具兽脚类恐龙和鸟类的双重特征。例如，它有牙齿和一条又长又硬的尾巴，但也有羽毛和翅膀。"始祖鸟"身上的这种混合特征首次暗示了鸟类和恐龙是近亲。今天，人们接受鸟类就是恐龙，而恐龙作为鸟类继续生活在今天！

始祖鸟的大小和乌鸦差不多，但它可能只能拍打翅膀飞行或滑翔很短的距离。始祖鸟生活在 1.5 亿年前，主要捕食小型爬行动物和昆虫。

帝鳄

帝鳄是有史以来最大的鳄形目动物之一,大概有两辆汽车那么长,那么重。它的头骨几乎和一个成年人一样长,嘴里塞了一百多颗牙齿。它宽阔的巨型颌部表明它以大型陆地动物为食,包括恐龙!作为一个伏击捕食者,帝鳄会

帝鳄的牙齿不停地更换，
这意味着它的颌部有不同尺寸的牙齿。

静静地在水面下等待，直到一个毫无戒心的动物来喝上一口水，然后……嗖！帝鳄会用它的颌部一瞬间咬住它的晚餐。

帝鳄出现在 1.3 亿年前，生活在淡水里。和现代鳄鱼一样，它的背上也布满了骨质突起，这有助于保护它免遭袭击。

帝鳄，白垩纪，非洲和南美洲。帝鳄口鼻部的末端有一个很大的、骨质的隆起，但没人知道它是用来做什么的。

多刺甲龙身上至少覆盖着四种不同类型的甲片。

多刺甲龙

捕食者 在攻击多刺甲龙前可要三思。这种 1.3 亿年前的恐龙身披厚厚的盔甲，而且它名字中的"多刺"意味着它的身体覆盖着尖刺和骨钉。多刺甲龙脖子和身体两侧的刺又长又尖，这可以阻止那些饥饿的肉食性恐龙靠近或咬它一口。与甲龙不同的是，多刺甲龙从臀部到后背处有一大块坚实的骨盾。这层骨盾上布满了额外凸起的骨状物，肉食性动物的牙齿很难将其刺穿。拥有这么多盔甲，这种恐龙重约 2.2 吨——比河马还重！

多刺甲龙，白垩纪，欧洲。这具多刺甲龙的皮肤化石展示了保护它的骨钉。

禽龙

1825 年命名的禽龙，是第二种被命名的恐龙
——第一种是巨齿龙。

科学家第一次发现禽龙时，并不确定该把化石上的尖刺放在

何处。起初，他们认为这是一个鼻角，但在找到更完整的骨架后，他们意

识到这实际上是一个拇指尖刺。最早发现的禽龙化石是牙齿，它的牙齿类

似于鬣蜥的牙齿。

禽龙生活在 1.25 亿年前，能用四肢缓慢行走，也能只用后肢走路和

奔跑。它可能用前肢把树枝拽到自己的嘴边，这是弄断植物的理想办法。

它的拇指尖刺可能用来划开水果，或者防御捕食者。

禽龙，白垩纪，欧洲。
这块禽龙手骨化石显示
的是右侧的拇指尖刺。

鸟脚亚目

判断一只恐龙是否属于鸟脚亚目的最好方法，就是看它是否有用来采集植物的喙状嘴，但没有装甲亚目和头饰龙亚目那样的盔甲或武器。鸟脚亚目有很多种类，但它们都是植食性动物，大多数用两个后肢行走，但有些也可以用四肢行走。有一类鸟脚亚目恐龙被称为鸭嘴龙，其中许多头上有不寻常的冠饰。鸭嘴龙可能借助这些头冠发出响亮的声音，也可能用其明艳的颜色来吸引配偶。

尾巴
当鸟脚亚目恐龙直立起来去够树叶吃的时候，强壮的尾巴可以作为支柱支撑身体。

禽龙

禽龙生活在白垩纪的欧洲。就像许多鸟脚亚目恐龙一样，它既可以用两后肢行走，也可以用四肢行进，并且能用前肢将树枝拉近嘴边方便进食。

副栉龙

　　副栉龙是鸭嘴龙科恐龙的一属，头上有一根修长的冠饰。这种冠饰可以帮助副栉龙发出响亮的声音与同类进行交流。

埃德蒙顿龙

　　这种鸭嘴龙科的恐龙生活在白垩纪的北美洲。埃德蒙顿龙用像鸭子一样的宽广的口鼻部来收割植物。它长 12 米，可以够到从地上一直延伸到树枝的叶子。

喙
坚硬的喙用来切断灌木和乔木的叶子。

牙齿
鸟脚亚目恐龙的牙齿随着磨损而不断更换。

慈母龙

　　慈母龙的化石表明，就像许多鸟脚亚目恐龙一样，它们过着群居生活，甚至成群筑巢，这可能是为了免受大型捕食者的攻击。

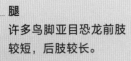

腿
许多鸟脚亚目恐龙前肢较短，后肢较长。

鹦鹉嘴龙，白垩纪，亚洲。这具来自中国的化石有1.2亿年历史了，它展示了一具完整的鹦鹉嘴龙骨架。

鹦鹉嘴龙

你一看到鹦鹉嘴龙的喙，就会明白它为什么叫这个名字了。它有独特的弯曲的喙，可以像剪刀一样剪掉叶子，再用锋利的牙齿把叶子撕成碎片。鹦鹉嘴龙的胃里发现的石头可能是胃石，能磨碎坚硬的植物，帮助其消化。

鹦鹉嘴龙身上覆盖着的是鳞片，但它的尾巴顶端有一束不同寻常的羽毛，也许是用来向配偶炫耀的。科学家在研究鹦鹉嘴龙的皮肤残骸时发现，它背部皮肤颜色较深，腹部皮肤颜色较浅，这可能有助于躲藏在森林的洞穴中。

虽然鹦鹉嘴龙只有两个小小的颊角，
头上没有过多的装饰，但它属于角龙类，
与三角龙等恐龙有亲缘关系。

孔子鸟

你第一眼看到孔子鸟时，可能会认为它和其他鸟一样，但这种 1.25 亿年前的动物仍然具有其恐龙祖先的一些特征。虽然孔子鸟身上覆盖着羽毛，有着巨大的翅膀，但它的"手指"上长有弯曲的爪子，这可能有助于它在树枝间攀爬。孔子鸟的骨骼形状表明它能飞，但人们不能确定它能飞多远。

一些孔子鸟的化石有长长的尾羽，人们认为这些是雄鸟的。在一块没有长尾羽毛的孔子鸟化石中，人们发现其中含有一块特殊类型的骨头，这种骨头只有雌鸟下蛋前才会出现。这表明雄性和雌性孔子鸟看起来不一样，就像今天的许多鸟类一样。

孔子鸟是人们发现的第一种没有牙齿的鸟。

孔子鸟，白垩纪，亚洲。这枚化石显示了孔子鸟羽毛的轮廓。尾巴上没有长长的尾羽表明这是一只雌鸟。

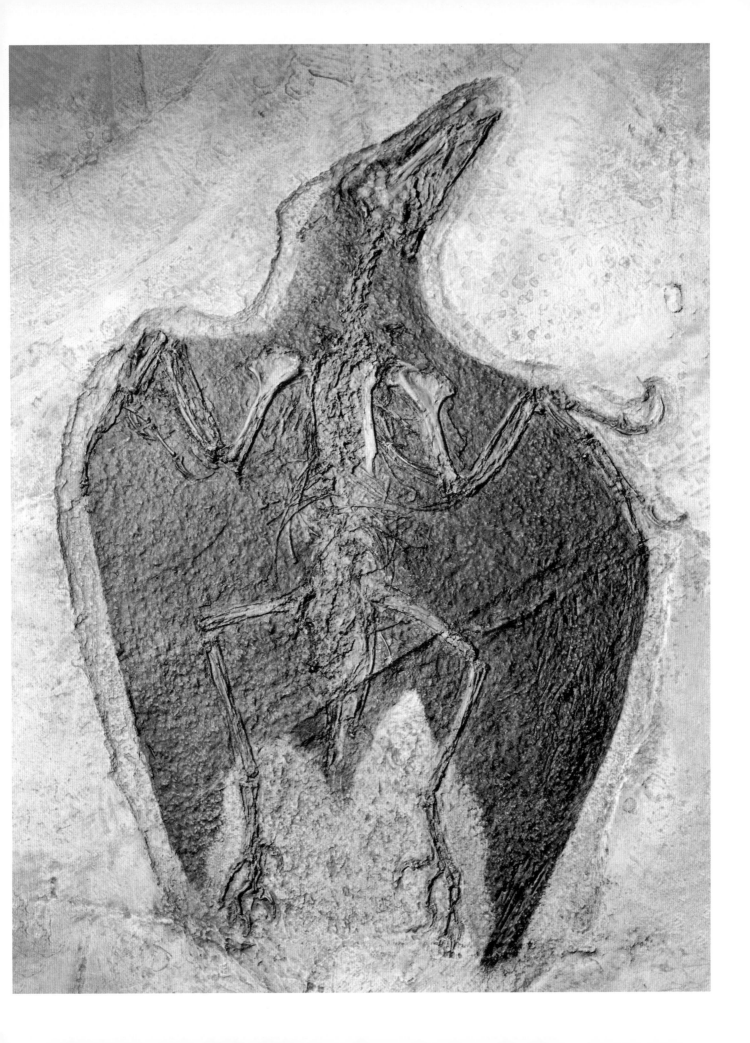

中华龙鸟

在已发现的中华龙鸟化石中有一个肯定是雌性的，
因为它的身体里有未产出的蛋。

人们所能看到的中华龙鸟，可能只是灌木丛中一道橙色和白色的闪光。这种小型肉食性恐龙生活在 1.2 亿年前白垩纪亚洲的森林中，以蜥蜴等小动物为食。中华龙鸟的化石保存完好，你仍然可以看到覆盖在它身体上结构简单的毛茸茸的羽毛轮廓。事实上，中华龙鸟是人们发现的第一种没有翅膀却有羽毛的恐龙。它们的羽毛内部存在一种特殊的填充色素的结构，科学家们通过这一结构可以知道中华龙鸟羽毛的颜色。中华龙鸟的身体背部是橙红色的，它的腹部颜色较浅，尾巴是条纹相间的。

中华龙鸟，白垩纪，亚洲。这具来自中国的中华龙鸟化石展示了其背部和尾巴上毛茸茸的羽毛。

像木他龙这样的鸟脚亚目恐龙有很大的胃和长长的肠，
可以帮助它们消化坚硬的植物。

木他龙

1963 年，木他龙化石首次在澳大利亚东北部的木他巴拉镇附近被发现。它像禽龙一样，属于鸟脚亚目，大约生活在 1.1 亿年前，以啃嚼蕨类植物和针叶树等植物为食。

这种恐龙最不寻常的特征是口鼻处的隆起。人们认为这里附有一个可充气的囊，木他龙可以向里面吹气。为什么一只恐龙需要一个气囊呢？现存的雄性冠海豹可能会给我们一些提示。冠海豹的鼻子上也有类似的结构，用来发出声音和炫耀——也许木他龙也是这样使用它的中空鼻部的。

木他龙，白垩纪，大洋洲。木他龙既可以用两后肢行走，也可以四肢行走。

113

箭石可以喷出墨汁，就像现代的乌贼一样，
而变成化石的墨汁今天仍可以当颜料使用！

新箭石

子弹状的箭石化石很常见，但是，并不是所有的箭石都像这枚新箭石化石一样美丽。箭石是一种黏糊糊的、像乌贼一样的动物，但它们的与众不同之处是有一个圆锥形的内部骨架。这些壳体——也被称为保护装置——通常是这些软乎乎的生物"幸存"下来的全部。有些时候，在变成化石的过程中，二氧化硅取代了坚硬的骨骼，将它变成了闪亮的蓝色和绿色的蛋白石，但大多数是灰色岩石样的。有些人认为这些化石是在雷雨中被抛到地上的，所以也称它们为"雷石"。箭石在侏罗纪时期非常繁盛，那时海洋温度要高得多。它们四处移动，捕食小鱼。

新箭石，白垩纪，世界各地均有分布。这枚色彩鲜艳的欧泊箭石是在澳大利亚发现的，它显示了动物的锥状骨骼。

巴塔哥巨龙

巴塔哥巨龙，白垩纪，
南美洲。这具巴塔
哥巨龙的大腿骨长达
2.4 米！

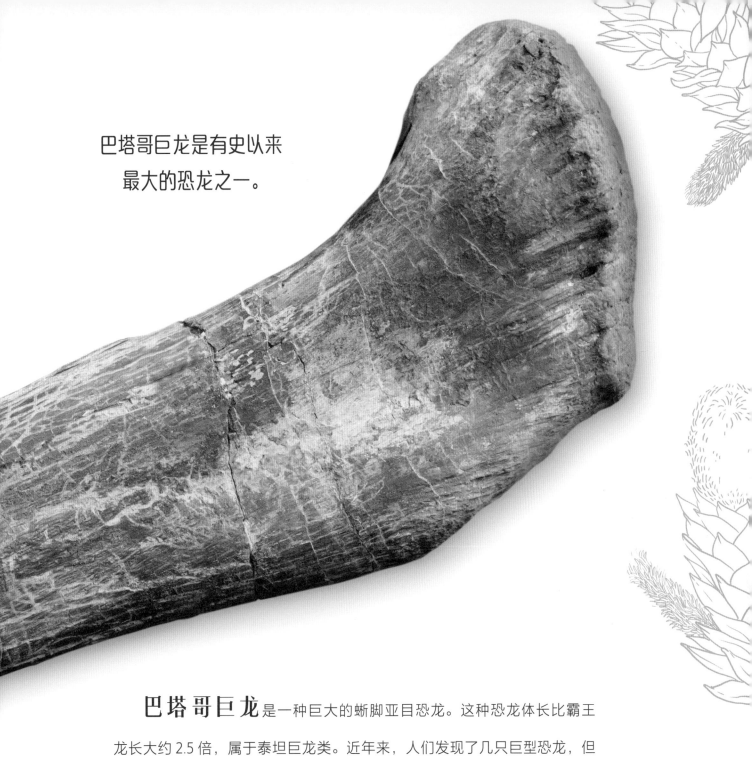

巴塔哥巨龙是有史以来
最大的恐龙之一。

巴塔哥巨龙是一种巨大的蜥脚亚目恐龙。这种恐龙体长比霸王

龙长大约 2.5 倍，属于泰坦巨龙类。近年来，人们发现了几只巨型恐龙，但

因为只发现了它们的几块骨头，所以没人知道哪只恐龙最大。巴塔哥巨龙

的长脖子可以让它够到高大的针叶树顶端的树叶——它重达 70 吨，需要吃

很多东西。尽管体形巨大，但人们认为巴塔哥巨龙的蛋只有鸵鸟蛋那么大，

所以小恐龙要长到成年体形是需要很长一段时间的。

头部
蜥脚亚目的头部很小，
钉子状的牙齿用来耙下
树枝上的叶子。

梁龙

梁龙是一种著名的蜥脚亚目恐
龙，它有长长的脖子和尾巴，它用
四肢行走。它的四肢非常强壮，肌
肉发达，足以支撑它的体重。

长脖子
长脖子用来采食树上
的树叶，这些树叶是
其他植食性动物无法
够到的。

尖爪
梁龙的四肢上都有
尖爪，不像泰坦龙只
有后肢上有尖爪。

蜥脚亚目

蜥脚亚目恐龙有着长长的脖子和尾巴，它们恐怕是最容易被识别的恐
龙群体。这些无比巨大的植食性动物包括已知最大的恐龙。早期的蜥脚亚
目恐龙并没有长成如此巨大的体形，它们还可以用两个后肢走路，但在中
生代，它们变得越来越大。到了白垩纪，出现了一群被称为泰坦巨龙的蜥
脚亚目恐龙，它们体形巨大——阿根廷龙等物种可能重达 100 吨。这些恐
龙生活在世界各地，但在白垩纪末期与其他大型恐龙一起灭绝了。

阿根廷龙

阿根廷龙是一种泰坦巨龙，可能是有史以来最大的恐龙。科学家估计它可以长到 35 米长！它生活在白垩纪时期的南美洲。

长尾巴

蜥脚亚目恐龙可以用鞭子一样的长尾巴对付捕食者。

大椎龙

作为一种生活在侏罗纪非洲的早期蜥脚亚目恐龙，大椎龙体长仅有 6 米。尽管它没有其他恐龙那么大，但它仍然具备长脖子和长尾巴等这类恐龙的典型特征。

长颈巨龙

长颈巨龙不像其他的蜥脚亚目恐龙，它的脖子更加直立，使它更容易伸到树木高处。它生活在侏罗纪时期的非洲，能长到 12 米高。

木兰属植物

木兰属植物是地球上最早的种子植物之一。木兰今天仍然存在，但它们最早的亲戚生活在大约 1 亿年前，在非鸟类恐龙灭绝之前！早期木兰花的花瓣很大，花呈大碗状，称为花被。在花朵的中心，有一簇能产生花粉的雄蕊，吸引吃花粉的甲虫。木兰花必须足够坚韧以免饥饿的甲虫破坏花朵。不过这些甲虫做了授粉的重要工作，所以植物可以产生种子。

与柔软的花朵不同，木兰花边缘光滑的叶子经常作为化石被人们发现。它们看起来与现代木兰的叶子惊人地相似。

科学家从 2000 万年前的
一枚木兰属植物的叶子化石中
成功地分离出了 DNA！

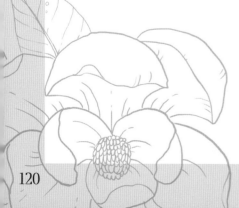

棘龙

棘龙既能在陆地上捕食，
也能在水中捕食。

在白垩纪时期，你若想下水游泳，务必得万分小心。棘龙是一种十分可怕的捕食者，它生活在近1亿年前的非洲，可以在水中捕猎。它是现存最长的肉食性恐龙，体长比霸王龙还要长。棘龙长着强壮的手臂和桨状的尾巴，它们可能会帮助棘龙推动身体穿梭于河流中。棘龙长长的口鼻处长满了尖牙，大而弯曲的利爪又非常适合捕捉猎物，很可能捕捉到大鱼。

背部高高的帆状物使棘龙看起来更加庞大。这个帆状物可能帮助它控制体温。它也可能用其鲜艳的颜色向其他棘龙炫耀。

黄昏鸟，白垩纪，北美洲。流线型的骨架表明黄昏鸟是一名优秀的潜水员。

124

黄昏鸟

黄昏鸟是一种古老的大型鸟类，生活在大约 8400 万年前。它的翅膀很纤弱，无法飞行，它们一生的大部分时间都漂浮在海面上。黄昏鸟用强有力的后腿和蹼足推动自己在水中前进。它潜入水下，用布满牙齿的喙咬住鱼类。和所有鸟类一样，黄昏鸟在陆地上筑巢，但是它的身体根本不适合在陆地上行走，哪怕在水中十分优雅。它们不会远离海岸旅行。

通过研究黄昏鸟的骨骼，我们知道，这种鸟生长速度非常快，只需要一年就能达到成年体形！在它化石上留下的咬痕表明黄昏鸟是海洋爬行动物的捕食目标。

黄昏鸟的化石看起来很像鸬鹚科鸟类——
一种现代潜鸟——的骨架。

薄片龙

薄片龙脖子的长度超过了
其身体的一半！

126

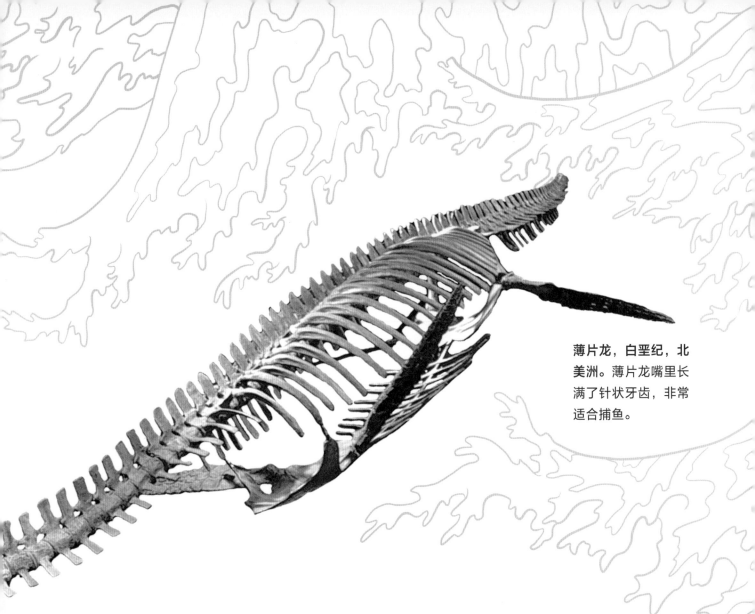

薄片龙，白垩纪，北美洲。薄片龙嘴里长满了针状牙齿，非常适合捕鱼。

　　海生爬行动物薄片龙长有极长的脖子和小小的脑袋，它与当今任何一个现存动物都不一样。它的脖子上有大约 70 块骨头，而它的尾巴上只有18 块，当古生物学家第一次重建它的骨骼化石时，它的头被意外地装在了尾巴的位置上！科学家还不确定薄片龙能在多大范围内移动自己长长的脖子，但它可能用脖子从海底捕捉猎物，或者冲进鱼群捕食。

　　薄片龙生活在大约 8000 万年前，用桨状的四肢游泳。和其他蛇颈龙一样，它直接在海中生下幼崽，因为让薄片龙挣扎着爬上陆地产蛋是很艰难的事情。

慈母龙

慈母龙得名是因为它会照看自己的孩子。

人们已经发现了 1000 多块不同年龄段的慈母龙化石，所以我们对这种恐龙是如何成长和养育宝宝的有很好的了解。慈母龙生活在大约 7700 万年前，它们成群地生活和筑巢，在巢穴里有许多警惕的眼睛时刻注意着捕食者。每只慈母龙妈妈都小心翼翼地用泥筑起一个火山形状的巢穴，在里面产下 30~40 枚蛋。这些巢穴之间的间隔约为 7 米，所以对于一只体长 9 米的慈母龙妈妈，在不同的巢穴之间来回行走一定是件棘手的事情！刚孵出来的慈母龙宝宝很弱小无助，只能靠父母喂食植物慢慢长大，但它们生长速度很快。仅仅一年的时间，一只慈母龙宝宝就会长到绵羊大小。

慈母龙，白垩纪，北美洲。
与成年的慈母龙相比，幼年的慈母龙的眼睛更大，口鼻部更短小。

副栉龙

想象一下，你长着三个小号排起来那么长的鼻子，还延伸到头顶上！副栉龙就有这样一个独特的长长的头冠，由头部向后延伸的鼻骨构成。我们仍然无法确定头冠的作用是什么，但有一个重要的线索：它是空心的，像一根管子。起初，一些古生物学家认为，7600 万年前，在副栉龙食用水下植物时，头冠可能起到了通气管的作用，帮助它在水下呼吸。现在，大多数古生物学家认为副栉龙用头冠发出声音，方便与群体的其他成员交流。副栉龙有很好的听力这一事实也支持了这一观点。

包括头冠在内，副栉龙的头骨长度可以达到 1.6 米！

副栉龙，白垩纪，北美洲。副栉龙的化石显示了头冠在形状和大小上有差异，这也许是雄性和雌性之间的区别。

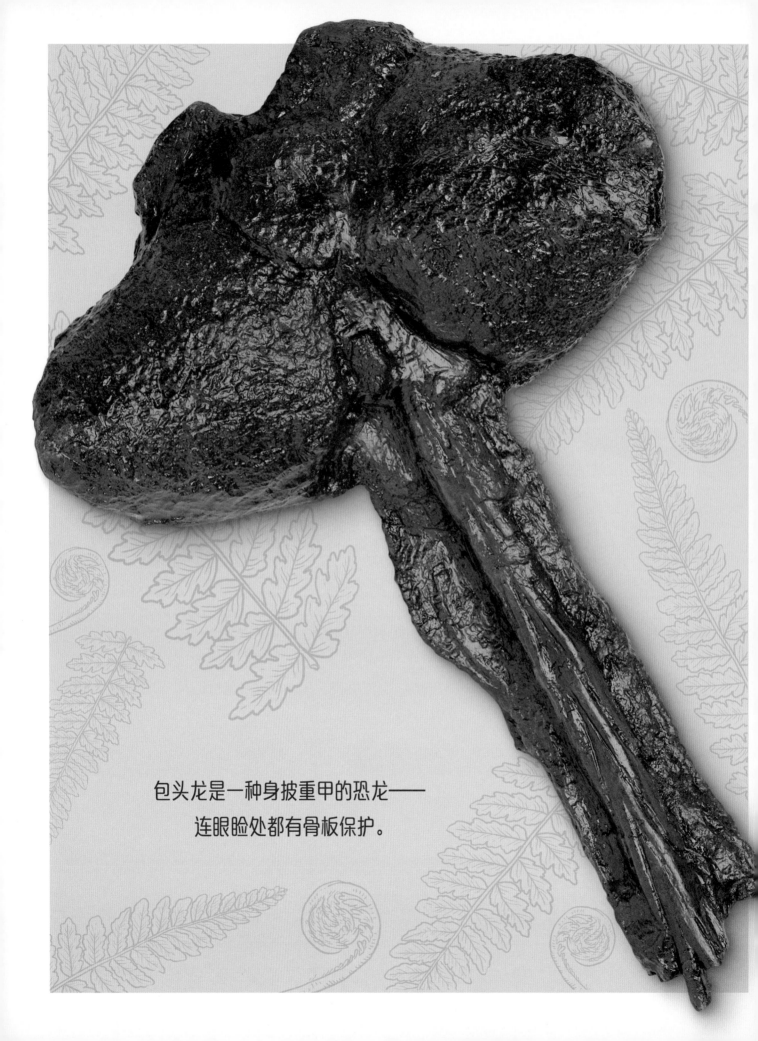

包头龙是一种身披重甲的恐龙——
连眼睑处都有骨板保护。

包头龙

包头龙就像一辆坦克，除了腿和腹部，它身体的每个部分都覆盖着盔甲。为了防备饥饿的肉食性恐龙，包头龙的背部有一块坚硬的骨骼盾牌，它被分成若干段，以便移动和弯曲。一排排的尖刺让包头龙看起来无法下口，它灵活的尾巴末端有一个巨大的骨锤，可能会捶打攻击者，也可能用来收拾抢夺配偶的竞争对手。

包头龙是一种生活在 7600 万年前的植食性恐龙。最近对这种恐龙头骨的扫描显示，它的鼻子里有长长的环形通道，这可能有助于它发出低沉的声音，然后利用这些声音进行交流。

包头龙，白垩纪，北美洲。
这根尾巴上的骨锤可能用于奋力反击捕食者，并对其造成严重伤害。

似鸟龙

似鸟龙有大大的眼睛，
这表明它可能是夜行性动物。

似鸟龙，白垩纪，
北美洲。似鸟龙的
骨骼轻盈，两条后
腿很修长，跑起来
速度很快。

　　这种恐龙是否会让你想到鸵鸟或鸸鹋这样的大型鸟类呢？美国古生物学家奥斯尼尔·查尔斯·马什就因为想到了鸟而给它起名似鸟龙，意为"鸟类模仿者"。在似鸟龙长脖子的顶端，有一个长有喙的小小的头，但是喙中没有牙齿。它是一种兽脚亚目恐龙——这是一种通常以肉类为食的恐龙家族——但似鸟龙很可能是一种杂食动物。

　　似鸟龙纤细的"手臂"上有长长的羽毛，它的身体上覆盖着毛茸茸的羽毛。然而，这只 7600 万年前的恐龙皮肤印痕化石表明，它的腿是无毛的，这使它看起来更像鸵鸟。就像今天的鸟类一样，羽毛可以在寒冷的时候帮助似鸟龙保暖。

伶盗龙属于驰龙，
它们都有用于杀戮的大爪子。

伶盗龙

伶盗龙的体形和一只大型犬差不多，它不是体形最大的捕食者，不过，它有多达 60 颗边缘长满锯齿的锋利牙齿，而且每只脚上都有剃刀般锋利的 "杀手爪"。这些都是它的捕食利器。大约 7500 万年前，它徘徊在亚洲的沙漠中，捕食较小的爬行动物，还有其他恐龙和哺乳动物。

虽然在伶盗龙化石上没有发现羽毛，但在它的 "前臂" 骨骼上发现了 "羽茎瘤" 的凸起，这表明这里曾经是羽毛附着的位置。即便伶盗龙有羽毛，它也肯定无法飞翔——因为它的前臂太短了！它可能用羽毛来保暖、炫耀，或者帮助巢穴中的蛋保温，让其更舒适。

伶盗龙，白垩纪，亚洲。这枚 6.5 厘米长的镰刀形的爪子在行走的时候会被抬离地面，以防变钝。

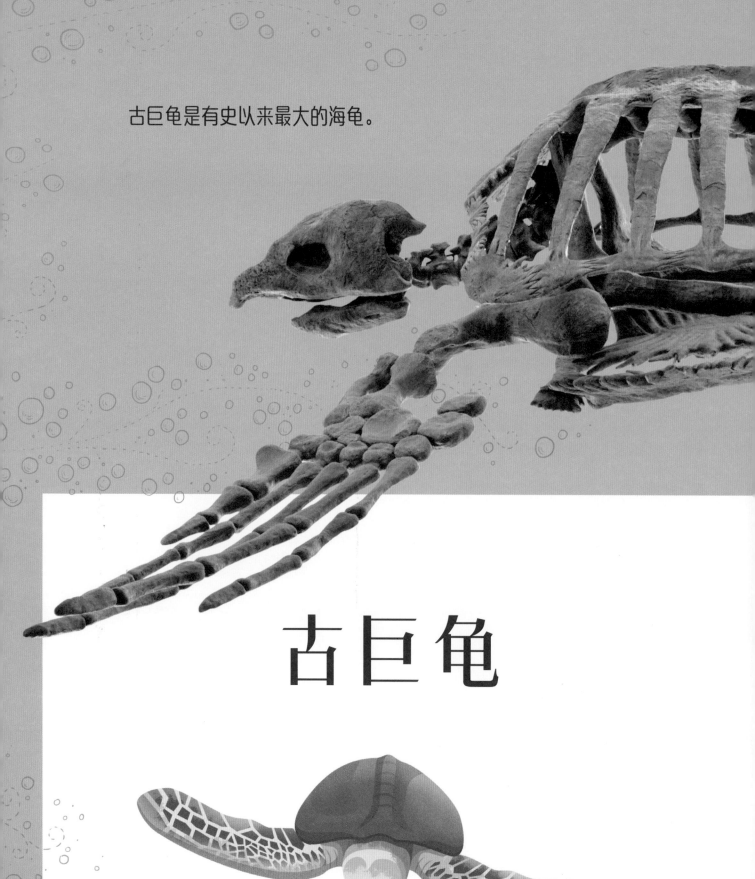

古巨龟是有史以来最大的海龟。

古巨龟

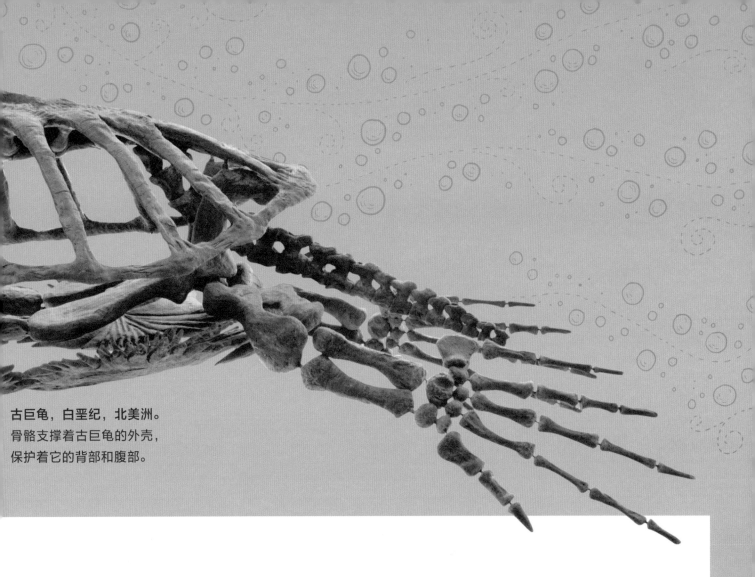

古巨龟，白垩纪，北美洲。
骨骼支撑着古巨龟的外壳，
保护着它的背部和腹部。

古巨龟是一种汽车大小的巨型海龟。就像今天的棱皮龟一样，古巨龟的外壳是坚韧的皮革质地，而不像乌龟那样有骨质的坚硬外壳。古巨龟也不能像乌龟一样将头和鳍状肢缩进身体，所以它的鳍状肢很容易成为在海中漫游、四处寻找晚餐的沧龙的目标！古巨龟生活在 7500 万年前，它用巨大的鳍状肢划水。古巨龟在浅水中捕猎，在海床上寻找猎物。古巨龟长着一个独特的钩状上喙，所以它撕碎水母之类的软体动物或啃食菊石等有壳的无脊椎动物一定很容易。为了产卵，古巨龟可能不得不爬上沙滩并抬高巨大的身体，这样才可以在沙滩上挖洞。

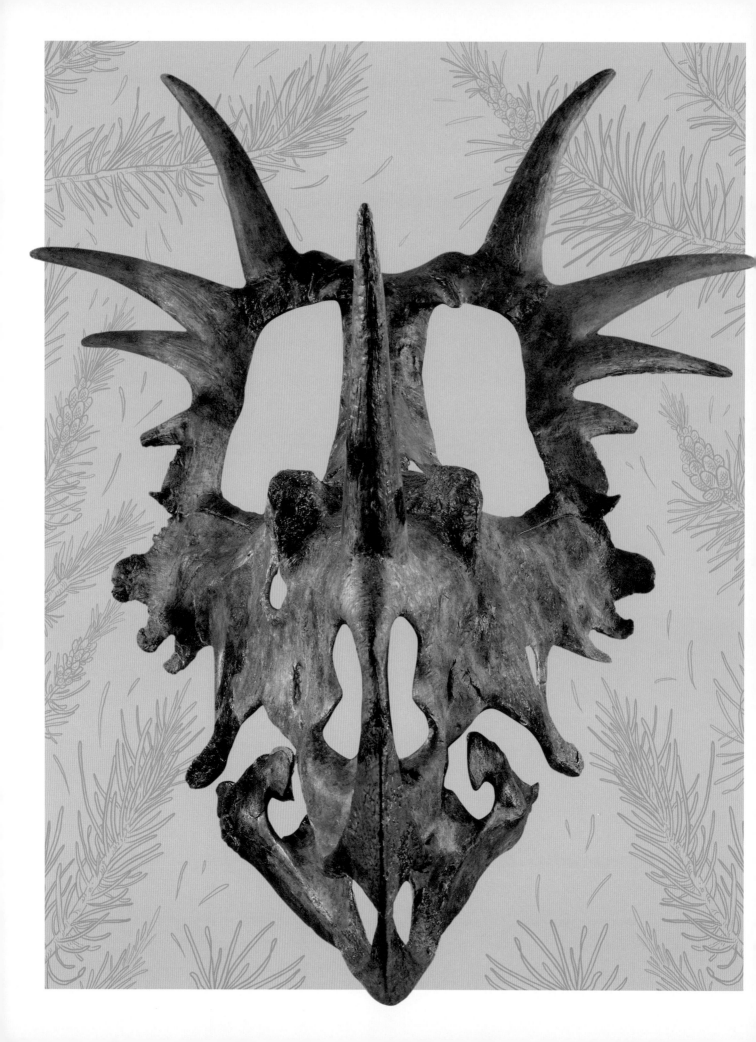

戟龙

戟龙的颈部装饰是所有恐龙中最精致的。一排大小不一的尖刺从它的颈盾周围伸出来，这些尖刺可能颜色艳丽，戟龙用它们吸引配偶。这种恐龙连两颊上都长有锋利的角，鼻子上还有一个 60 厘米长的巨大鼻角。戟龙头上的这么多角很可能是用来防御捕食者的。

古生物学家发现一块距今大约 7500 万年的大型骨床，这片区域内布满了化石，表明戟龙是成群生活的。它们居住在开阔的平原上，有强壮的喙和牙齿，用来切割和咀嚼坚硬的植物，比如棕榈和苏铁。

**戟龙颈部装饰的一些长刺
几乎和它的鼻角一样长。**

戟龙，白垩纪，北美洲。戟龙这个名字源于其颈部装饰的尖刺。

戟龙

有些角龙类恐龙的装饰带有尖刺，如戟龙有一些尖刺从它的颈盾周围伸出来，有些尖刺几乎和鼻角一样长。戟龙生活在白垩纪的北美洲。

厚重的头骨
肿头龙厚重的头骨常常被较小的骨质瘤状突起包围。

喙
喙可能用于采集植物，但肿头龙嘴中略显锋利的牙齿可能会用来撕裂肉类。

肿头龙

肿头龙可能会互相撞头，以显示自己有多强壮。肿头龙只生活在白垩纪时期。

腿
肿头龙用两个后肢走路。

鹦鹉嘴龙

鹦鹉嘴龙是一种出现相对较早的角龙类恐龙，生活在白垩纪初期的亚洲。它的脑袋上没有过多的装饰，只在两侧的脸颊上各有一个小角。最早的角龙类恐龙都很小，而且用两足行走。

头饰龙亚目

许多恐龙具有一些在现存动物身上看不到的特征。头饰龙亚目拥有一些特别夸张的特征，包括尖刺、角、颈盾和圆顶头骨。这个庞大的群体可以分为两类：肿头龙类和角龙类。肿头龙类的头上有一个厚厚的圆顶头骨，它们可能在战斗中互相撞击。角龙也被称为"有角的恐龙"，通常它们的后脑处有一个很大的装饰，它们的长额头和鼻角上也有装饰——这一家族中有我们熟悉的三角龙。头饰龙亚目多是植食性动物，但有些可能会吃小动物。

具有皱边的颈盾
从头部伸展出来的巨大的颈盾具有装饰作用，可能颜色十分艳丽，用来向同类炫耀。

角
角龙的脸上有许多的角。

喙
头饰龙亚目有一对坚硬的喙用来切割坚硬的植物。

三角龙

三角龙或许是最著名的角龙类恐龙，它的头上有三个大角，还有一个大大的颈盾，它们生活在晚白垩世时期。

143

像今天的许多鸟类一样，
窃蛋龙会孵蛋并保护它们。

窃蛋龙

人们首次发现的窃蛋龙化石在一窝蛋附近。这个名字的灵感就来源于这个场景，意思是"偷蛋贼"。然而，科学家们现在知道了，这种恐龙不是想吃掉这些蛋，而是要保护它们！窃蛋龙会将产下的蛋排列成一个围绕巢穴的圆圈，并在中间留一个空隙供自己坐下，然后把自己蓬松的羽毛覆盖在蛋上面给它们保暖。

距今大约 7500 万年前，窃蛋龙在沙漠中觅食。在窃蛋龙的一只近亲个体的体内发现了一只半消化的蜥蜴，这表明它是肉食性动物，但它也可能吃些坚果和种子。

窃蛋龙，白垩纪，亚洲。像这样的恐龙蛋化石表明，窃蛋龙的蛋很长，呈椭球形。

沧龙类是成功的捕食者，
在白垩纪末期统治着海洋。

扁掌龙

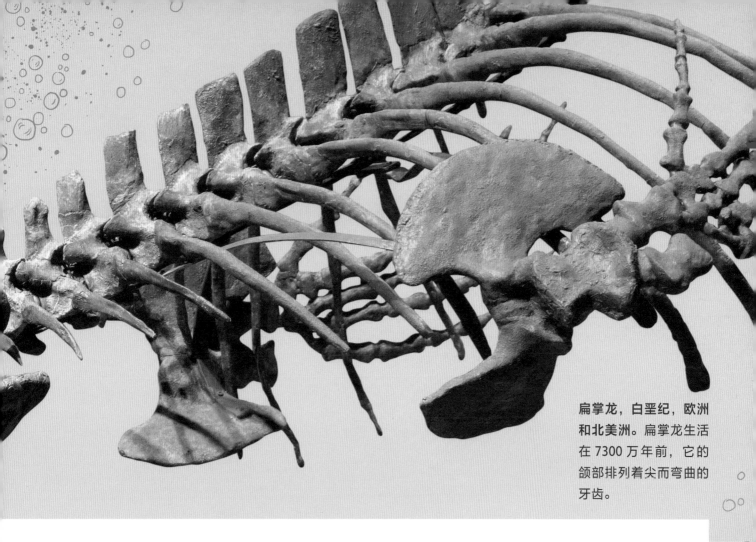

扁掌龙，白垩纪，欧洲和北美洲。扁掌龙生活在 7300 万年前，它的颌部排列着尖而弯曲的牙齿。

扁掌龙 是一种凶猛的沧龙。这种海洋爬行动物看起来与上龙很相似，它们的头骨很长，嘴里布满锋利的牙齿；四肢很短，在手指和脚趾之间有网状的皮肤，这使它们的四肢就像桨一样。扁掌龙有一条长长的尾巴，它们利用尾巴推动自己在水中追逐猎物。像蛇一样，扁掌龙的双颌有一个双铰链，因此嘴巴可以上下左右张开，这意味着它们可以吞下大部分的猎物，而且是整个吞下去的！如果你仔细观察一些菊石，你会发现它们的外壳上有圆形的穿刺孔的痕迹，这与沧龙的牙齿相吻合——证明了菊石是最受沧龙欢迎的松脆零食。

埃德蒙顿龙

许多埃德蒙顿龙的骨头上都留有咬痕，
很可能是霸王龙干的。

埃德蒙顿龙，白垩纪，北美洲。埃德蒙顿龙的牙齿由于咀嚼而磨损严重，但它们很快会被新长的牙齿取代，这些新牙堆叠成一列齿系，每列最多有6颗牙齿。

埃德蒙顿龙是我们研究最充分的恐龙之一，因为人们在多个化石点都挖掘到了埃德蒙顿龙的化石，得到了数千块骨头，甚至还有干瘪的遗骸和皮肤印痕化石。埃德蒙顿龙从大约 7300 万年前开始，就在北美温暖的森林中漫步。埃德蒙顿龙的口鼻前部有一个宽大的嘴巴，类似鸭子嘴，用来咬断针叶、嫩叶和树皮，它的颌部有许多牙齿，用来咀嚼。

科学家从北极圈内收集到了一些埃德蒙顿龙的化石，对这些化石的研究表明，这些恐龙没有迁徙，而是全年都待在这里，真的是令人惊讶。埃德蒙顿龙是如何度过北极圈内漫长、黑暗、寒冷的冬日时光的呢？科学家还无法确定。

恐手龙

发现 50 多年以来，我们对恐手龙的了解仅限于这种恐手龙有一对很长的手臂，末端是巨大的指爪，每个指爪都比香蕉还要长！2013 年，恐手龙剩余骨骼的化石被发现——证实了这是一种真正奇怪的动物。这种恐龙体长 11 米，除了它可怖的利爪，它还有一个隆起的背部、背上覆盖着羽毛，以及一个没有牙齿的喙。恐手龙的喙表明它以植物为食，科学家在它的胃里发现了许多小石头，称其为胃石。这些胃石有助于磨烂坚硬的植物。然而，它的腹部也有鱼的残骸，这表明它是一种杂食动物。恐手龙生活在大约 7000 万年前。

长长的"手臂"和爪子
让恐手龙得到了如今的名字，
意为"恐怖的手"。

恐手龙，白垩纪，亚洲。这对长约 2.5 米的恐手龙"手臂"发现于蒙古，它用来采集植物和捕食鱼类，并且用来保护自己抵御捕食者。

151

肿头龙年轻的时候，
头骨可能是扁平的，
随着时间的推移，
渐渐变成了厚重的圆顶头骨。

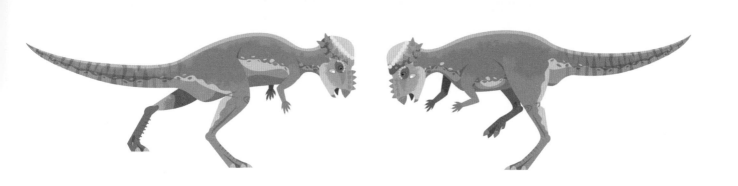

肿头龙

哗啦！ 你不会想妨碍两只正在战斗的肿头龙。这种恐龙与角龙类有着密切的联系，比如三角龙，但它没有从头部延伸出的颈盾，却有一个独特的肿厚的头骨。人们认为这种圆顶的恐龙会用头撞向彼此，就像今天的大角羊一样，这样做会给异性留下深刻的印象。许多肿头龙的头骨化石显示有损坏，可能是互相撞击造成的。

肿头龙生活在 7000 万年前。它用两条腿行走，视觉敏锐，大大的眼睛有助于它看得更清楚。这种恐龙可能以植物为食，但锋利的牙齿暗示它也可能吃一些不幸的小动物。

根据年轻和年老的三角龙化石综合判断，
随着它们年龄渐长，颈盾和角状物也长大。

三角龙，白垩纪，
北美洲。从嘴的前端测量
到颈盾的后面，三角龙头
骨可能长达 2.5 米。

154

三角龙

三角龙有三个尖尖的角状物和夸张的骨质颈盾，它可能是最容易辨认的恐龙。三角龙大约出现在 6800 万年前，是一种体形巨大的植食性动物，可能以啃食苏铁、棕榈树，以及蕨类植物为生。像其他一些植食性动物一样，三角龙有鹦鹉一样的喙和多排牙齿。这些新牙齿像传送带一样不停地向上移动，取代因咀嚼坚硬叶子而磨损的旧牙齿。

在许多三角龙的骨骼化石上发现的咬痕表明这种恐龙是霸王龙菜单上的常规"菜品"。然而，从愈合的骨头化石来看，它们有时能够成功逃脱！三角龙额头上的长角是对付饥饿捕食者的有力武器。

霸王龙

　　通过巨大的身体和短小的"手臂"，人们
可以立即辨认出来霸王龙，它可能是最著名的恐
龙了。它体长达 13 米，是有史以来最大的肉食性动
物之一。大约 6800 万年前，它重步走在白垩纪时期北美
的森林中，四处寻找食物。这种恐龙可怖的牙齿能够咀嚼大
口的肉——一口相当于咬下 4000 根香肠，甚至还能劈开骨头。
许多植食性恐龙的化石上都留下了霸王龙的咬痕，但霸王龙的骨
骼化石上也有碎裂和愈合的痕迹，这表明，有时它的猎物会反击！对
于饥饿的霸王龙来说，要想轻松容易地吃一顿饭，吃掉其他捕食者留下的
残羹剩饭是不错的生存策略。

霸王龙需要大约 20 年
长到成年。

**霸王龙，白垩纪，北美
洲。**霸王龙的头骨显示
它巨大的下颌有着强大
的咬合力。

古近纪
（6600万年前—2300万年前）

在古近纪，地球上出现了多种哺乳动物，以及许多新的种子植物和昆虫。气候变暖，现代雨林和草原植被生长起来。我们今天所知的大陆都被海洋分隔开来了。

第四纪
（258万年前至今）

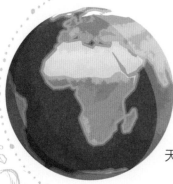

地球的气候在第四纪变冷，导致了冰期的出现。不断变化的气候及人类的狩猎活动导致许多较大型动物走向灭绝。各大陆移动到了今天的位置上。

新近纪
（2300 万年前—258 万年前）

在新近纪，陆地上草原郁郁葱葱，海洋中海藻森林繁茂兴盛。有些大陆连在一起，比如北美板块和南美板块，这为各种生物在大陆之间迁移提供了条件。人类祖先在非洲出现。

新生代

6600 万年前至今

在非鸟类恐龙灭绝后，在中生代的末期，哺乳动物有了新的机会来繁衍壮大自己，它们很快就统治了这个星球，新生代因此也被称为"哺乳动物的时代"。在这一时期，各大陆漂移到现在的位置，尽管在新生代初期全球气温有所上升，但之后急剧的降温导致了一系列冰期的出现。这一时期见证了包括人类在内的许多现存哺乳动物的出现，但也见证了较大规模的史前动物的灭绝。新生代分为三个纪——古近纪、新近纪和第四纪。

货币虫

这种圆盘状的小生物被称为货币虫，意为"小小的硬币"。它是有孔虫的一种，是一种单细胞生物，有坚硬的外壳，通常在海底的泥沙中发现。距今大约 5600 万年，货币虫在特提斯海的巨大浅海地带中繁衍生息。在温暖的水域中，最大的货币虫可能存活了超过 100 年，直径可达 16 厘米——对于由一个单一细胞构成的生命形式来说，它真是巨大！

在特提斯海遗址的岩石中经常发现货币虫的贝壳。它们的化石在古埃及人用来建造金字塔的石灰岩石块中也可以看到。

今天，货币虫仍然生活在海底，
但是它们只能长到一只小蚂蚁那么长。

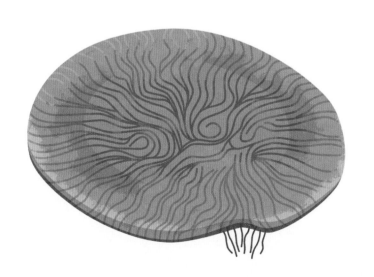

货币虫，古近纪至今，世界各地均有分布。这枚圆形的货币虫外壳有轻微的裂缝，露出里面微小的螺旋状排列的腔室。

160

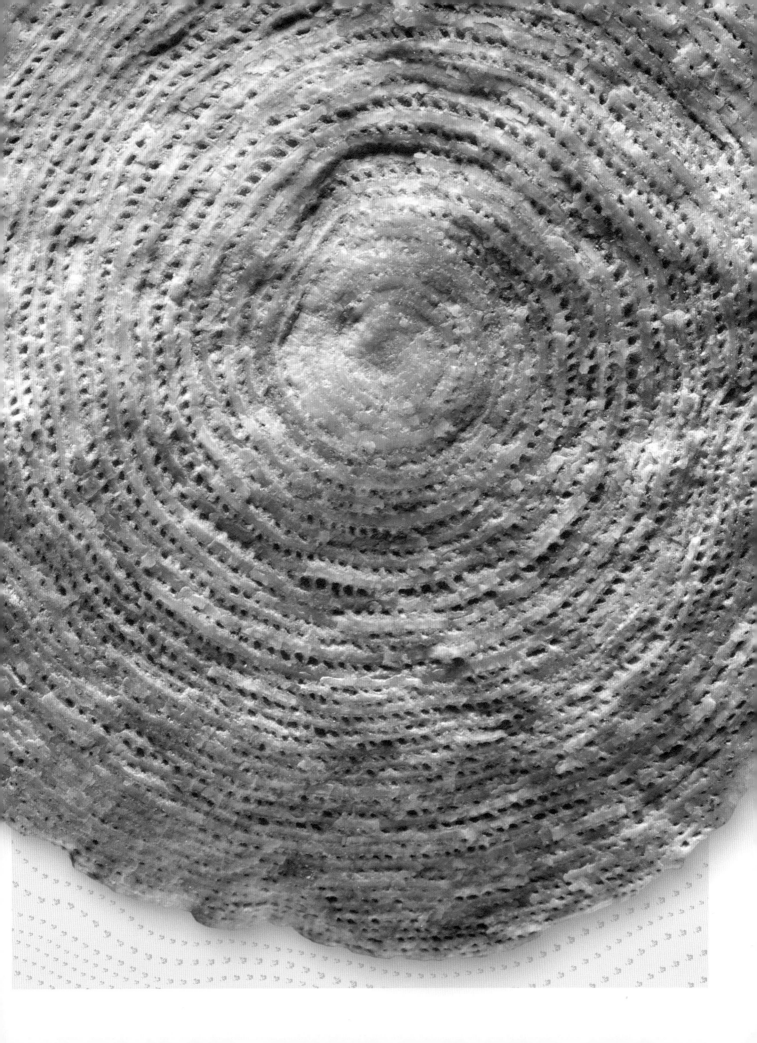

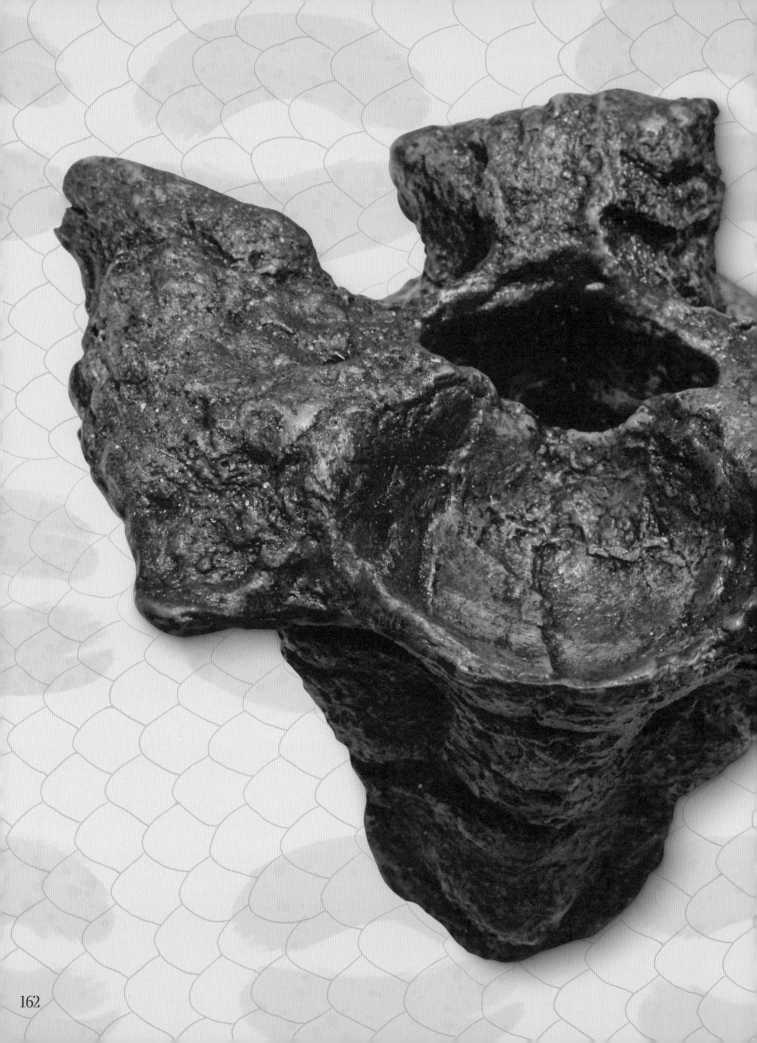

泰坦蟒，古近纪，南美洲。泰坦蟒的一块脊椎骨（脊柱的一块）的大小是现代蟒蛇的 3 倍。

泰坦蟒是已知最大的蛇类动物。

泰坦蟒

这种可怕的，接近一辆校车那么长，宽得连门都穿不过去的巨蟒，在那场非鸟类恐龙的大灭绝事件发生后的大约 700 万年，统治着南美洲的沼泽。泰坦蟒是无毒的，但这点对它的猎物来说，并不具有什么安慰作用，因为泰坦蟒是一种蟒蛇，它用强大的身体盘绕猎物，将其碾碎。泰坦蟒与巨型海龟和鳄鱼生活在一起，除了这两者，它们可能还吃大鱼。像现代的水蚺一样，这种蛇可能涉入河流来捕食。在泰坦蟒生活的年代，温暖的热带气候可能让这些冷血动物比今天更容易保持温暖，因此那时的爬行动物长得很大。

环棘鱼

环棘鱼是以鱼鳍化石的样子命名的，

这些鳍像阳光一样环形展开。

在水下滑行的环棘鱼看起来很像现代的鳐鱼。然而，与今天的大多数鳐鱼不同，它更喜欢淡水湖和河流，而非海洋。通过摆动其圆形身体的边缘，环棘鱼可以在泥泞的水底平稳地游动，寻找食物。它的目标是小鱼小虾，用藏在肚子下面的尖牙把它们咬碎。

鳐鱼与鲨鱼有亲缘关系，它们的身体都覆盖有坚硬的鳞片，还有软骨构成的柔韧骨骼——我们的鼻子和耳朵里也是软骨。环棘鱼的长尾巴上还有三根具有威胁性的利刺——它甚至可以用这些刺给猎物注射毒液。

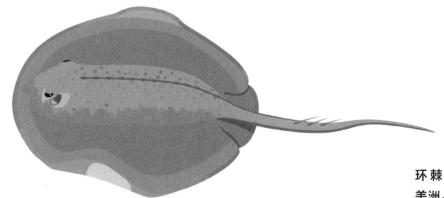

环棘鱼，古近纪，北美洲。这条来自美国怀俄明州的环棘鱼与几条艾氏鱼一起变成了化石。

眼镜鱼

眼镜鱼最早出现在距今大约 5500 万年的古近纪，但在今日的海洋中仍然可以找到它们的身影！其中一种眼镜鱼因其圆形闪亮的身体而被称为月鱼，如今生活在印度洋和太平洋中。史前的眼镜鱼可以长到大约 30 厘米长，和现代的眼镜鱼有着非常相似的体形。这些不同寻常的鱼有一个非常大的胃，肚子上有两根又长又细的腹鳍。由于身体两侧没有较大的鳍，眼镜鱼必须借助尾鳍在水中穿梭，它扁平的身体也有助于它在水中穿行。在现代眼镜鱼的身体上，尾巴是分叉的，但我们看到史前眼镜鱼的化石中尾巴是呈三角形的。

在意大利，有个化石遗址被人们称为"鱼缸"，
因为在那里发现了很多鱼类化石，
包括许多眼镜鱼的化石。

眼镜鱼，古近纪至今，世界各地均有分布。这枚保存完好的眼镜鱼化石展示了肚子两侧细长的腹鳍。

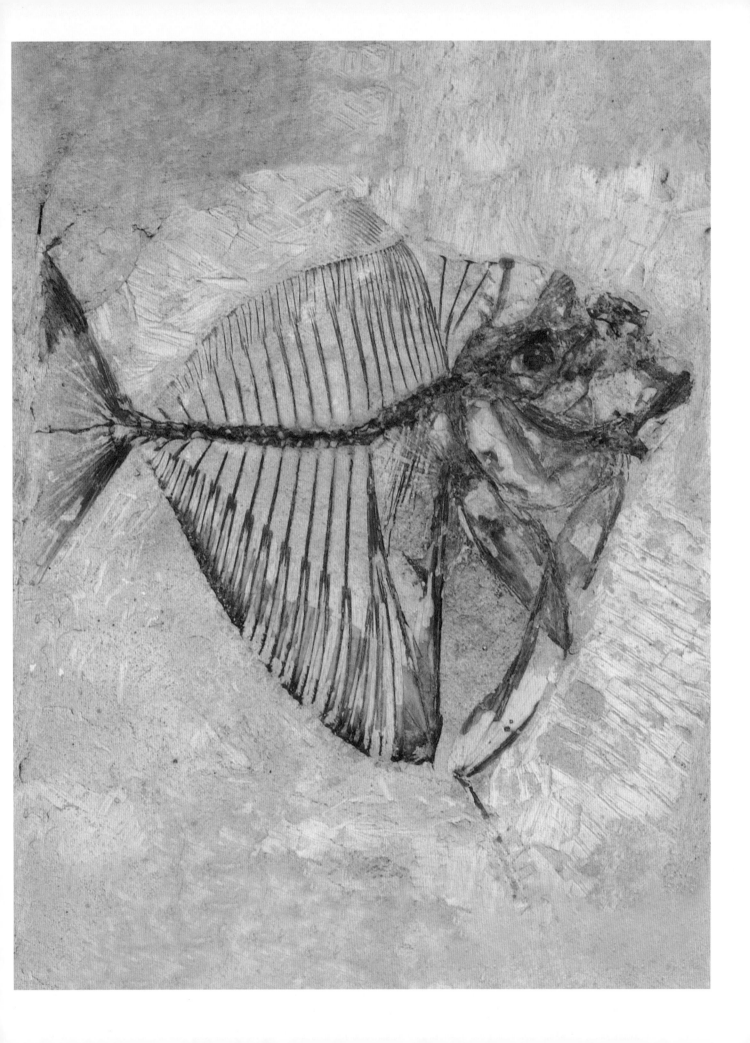

弗洛林花是一种锦葵属植物，
这意味着它与我们用来制作
巧克力的植物有关。

弗洛林花

弗洛林花是一种已经灭绝的植物，在古近纪的大部分时间里都能看到它的身影，人们从许多花朵、果实甚至花粉颗粒的化石中了解到它。这块化石可能看起来像一朵娇艳的花，其实并不完全是它看起来那样。它实际上是花瓣状的萼片，萼片是一种特殊的叶子，通常保护它们中心的花朵。只有一种弗洛林花有花瓣，但很少被保存下来。这种弗洛林花的花朵长在长长的茎上，花的各个部分都呈现成五个——五个花瓣、五个萼片、五个产生花粉的雄蕊。没有发现叶子的化石，所以没有人知道整棵植物长什么样。

弗洛林花，古近纪，北美洲。
这块化石显示了弗洛林花的五个萼片及其中养料和水分会流经的脉络。

龙王鲸

在有鲸之谷之称的埃及瓦迪阿尔希坦
发现了许多龙王鲸的化石。

**龙王鲸,古近纪,非洲和
北美洲。龙王鲸的颌前部
有尖牙,后部有锯齿状
的牙。**

你知道鲸类曾经生活在陆地上吗？化石表明，现代鲸类的祖先是像鹿一样的哺乳动物，经过数百万年的时间逐渐适应了水中的生活。龙王鲸是一种生活在大约 4100 万年前的早期鲸类，有着像鳗鱼一样长长的身体。即使它完全适应了水中生活，它仍然有短小的后腿，每条腿上有 3 个脚趾。

龙王鲸的牙齿非常锋利。化石显示了它的牙齿是如何磨损的，这些化石告诉我们，龙王鲸在吞咽食物之前是会咀嚼的，这点与现代鲸类不同。包括鲨鱼在内的大型鱼类都在龙王鲸的菜单上，而年轻的矛齿鲸——龙王鲸的近亲——身上独特的咬痕表明龙王鲸甚至还吃过其他鲸类。

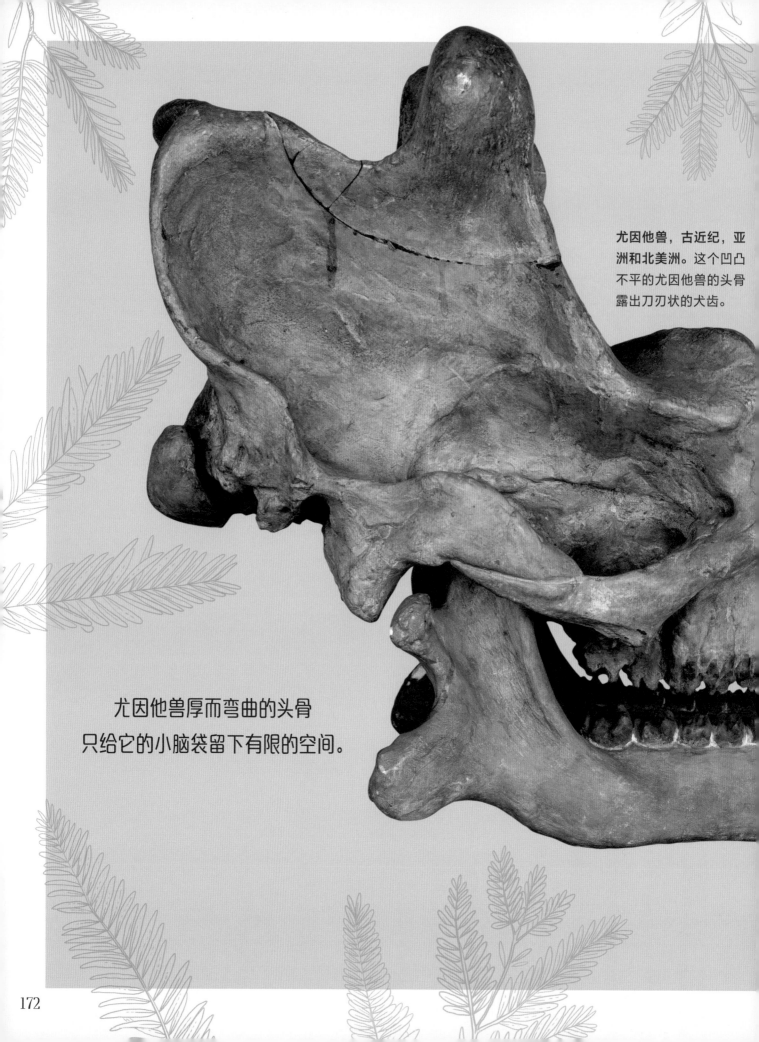

尤因他兽，古近纪，亚洲和北美洲。这个凹凸不平的尤因他兽的头骨露出刀刃状的犬齿。

尤因他兽厚而弯曲的头骨只给它的小脑袋留下有限的空间。

尤因他兽

虽然和犀牛没有什么亲缘关系，但是尤因他兽在大小和体形上和犀牛都很相似。只是它头部的形状很怪异。雄性尤因他兽有三对角和两颗巨大的刀刃状犬齿，人们认为这是用来吸引异性的。这种大型哺乳动物生活在 4000 万年前，尽管它长着可怕的牙齿，但它只吃植物。

在 19 世纪末的美国，尤因他兽那些外形怪异的化石卷入了一场"骨头战争"。那时，人们急切地想给新的史前动物命名，特别是古生物学家奥斯尼尔·查尔斯·马什和爱德华·德林克·科普，他们不停地根据化石命名新的物种，但这些化石最后证明都属于尤因他兽！

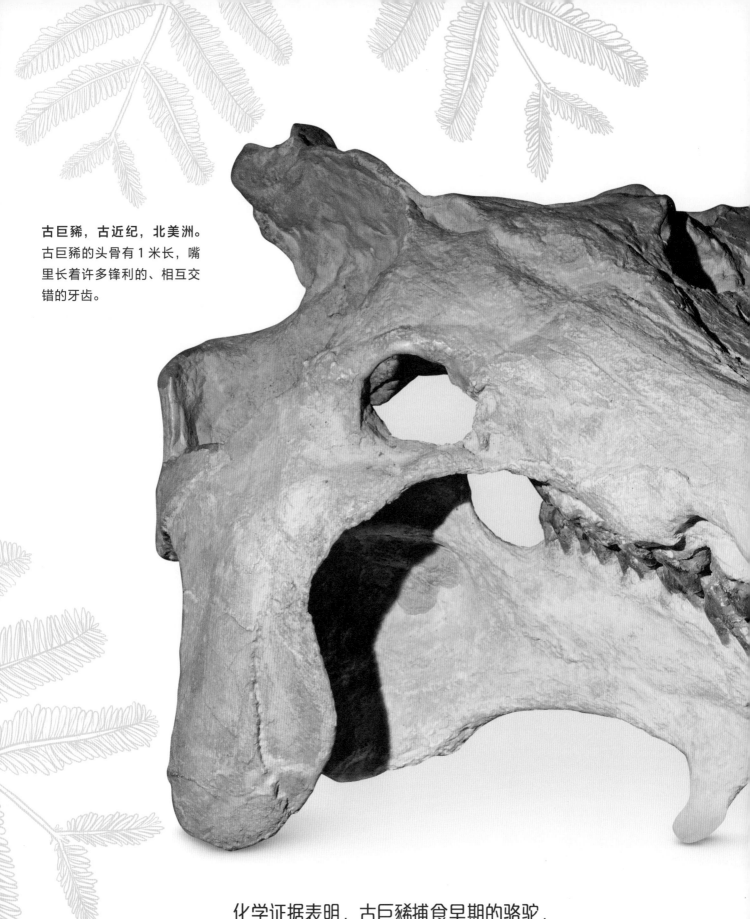

古巨豨，古近纪，北美洲。古巨豨的头骨有1米长，嘴里长着许多锋利的、相互交错的牙齿。

化学证据表明，古巨豨捕食早期的骆驼，还会把它们的尸体堆积起来供日后食用。

古巨豨

大约 3000 万年前，古巨豨生活在阴凉宜人的森林里。它看起来像一只巨大的猪，但实际上它与鲸类和河马的关系更近。古巨豨颈部肌肉强壮，附着在肩膀上方一根长长的骨头上，这有助于去支撑它那巨大的脑袋。而一个巨大的脑袋意味着它可能有一张大嘴！古巨豨巨大尖锐的犬齿和宽大的臼齿几乎可以咬碎和撕裂任何食物，这种哺乳动物很可能是一种不挑食的杂食动物。它的嗅觉很好，眼睛朝前则能够准确地判断出猎物离自己有多远。它头上的骨块可能是用来向其他古巨豨炫耀的。

琥珀

世界上最古老的保存动物的琥珀
有 2.3 亿年的历史。

　　琥珀是从松树中渗透出的黏性树脂的化石残留物。树木受伤的时候，会制造树脂来密封伤口。昆虫和其他小动物偶尔会被粘在树皮滴下的黏性液体中，这并不奇怪。对于动物来说，密封在黏液中是不幸的，但这对于科学家来说是幸运的，因为树脂会变硬并完美地保存里面的任何东西。每一颗琥珀都像一个小小的时间胶囊——中生代幼鸟的翅膀、恐龙的羽毛，甚至一整只蜥蜴都被冻结在时间中，让我们一睹为快。这个小琥珀在3000万年前捕获了一只小蚊子，现在看起来它好像仍然可能随时飞走。

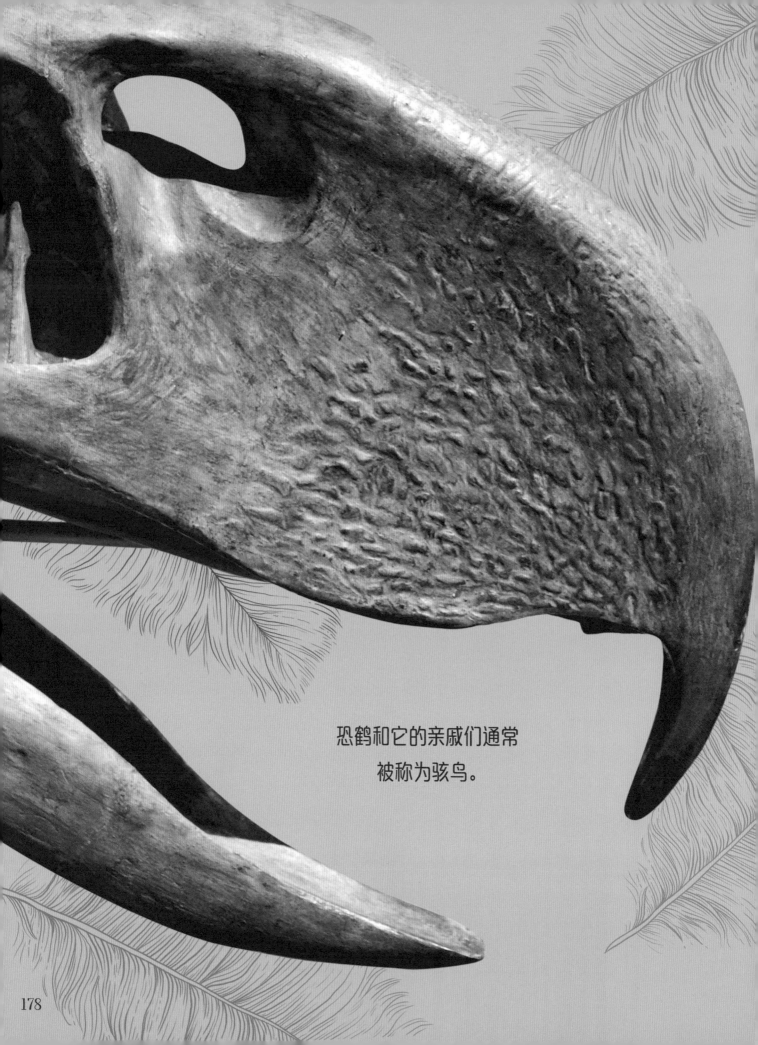

恐鹤和它的亲戚们通常
被称为骇鸟。

恐鹤

恐鹤 像一只超级大鹰，它有一个大而尖锐弯曲的喙，可以很轻易地撕碎肉类。对于猎物来说，有一点是幸运的，这只大鸟不会飞，但它仍然是一种可怕的捕食者，因为它站起来有鸵鸟那么高，跑得比人类最快的短跑运动员还要快。它又长又有力的腿还可以进行防御性猛踢，但没有多少动物会试图攻击恐鹤——它是南美洲的顶级肉食性动物之一，生活在 2000 万年前。除了有个凶猛的喙，恐鹤的每一个脚趾都有锋利的爪子，它用这些可怕的"武器"能杀死鹿那样大的哺乳动物。

恐鹤，新近纪，南美洲。恐鹤的上喙的前端长着一个尖锐弯曲的钩。

巨齿鲨和大白鲨并存了几百万年，
但是巨齿鲨的体形
要比大白鲨大三倍左右。

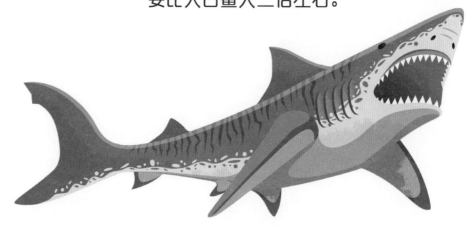

巨齿鲨

在新近纪，巨齿鲨统治着温暖的海洋。它身长可达18米，是有史以来最大的鲨鱼，也是海洋中当之无愧的顶级捕食者，直到大约400万年前灭绝。这种极度强悍的大鱼有着超大的下颌和276颗巨大的牙齿，它们的胃口很惊人，任何遇到它们的动物都可能不幸地被它吃掉，包括鲸类和其他鲨鱼。一些鲸类骨头的化石上还留有巨齿鲨的咬痕。

巨齿鲨祖先的学名是耳齿鲨，"耳齿"意为"耳朵形的牙齿"。因为鲨鱼的骨骼主要是柔软的软骨，就像我们鼻子一样，所以只有它的牙齿，有时还有部分餐盘大小的脊椎骨作为化石保存下来。

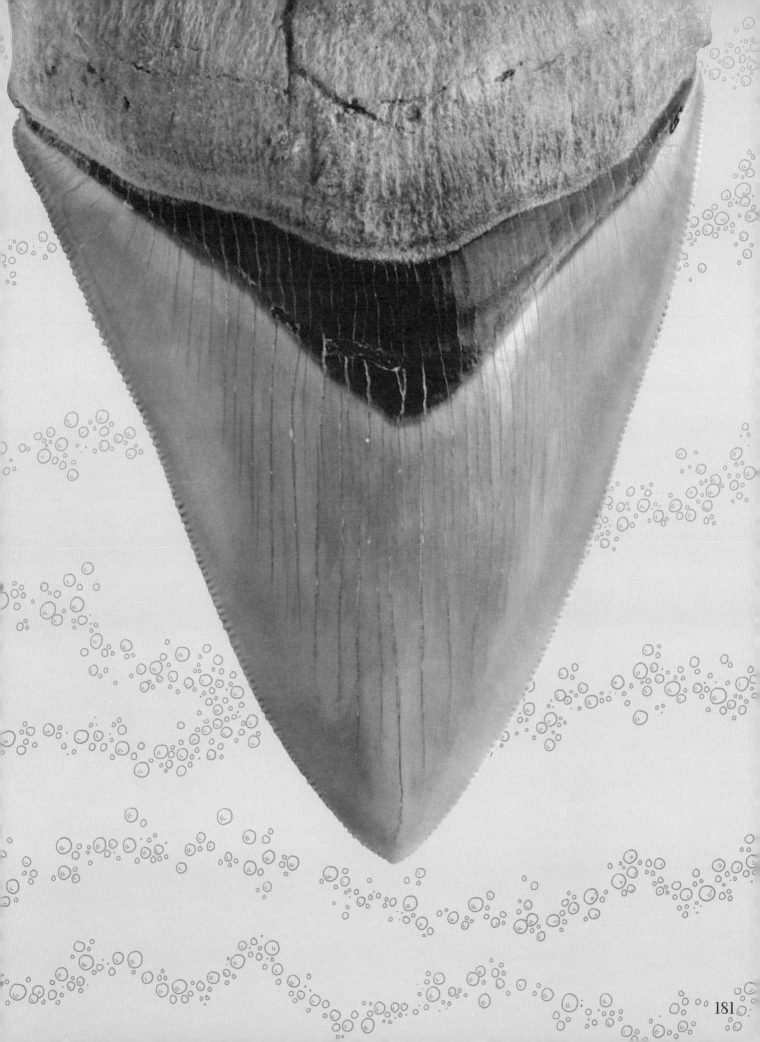

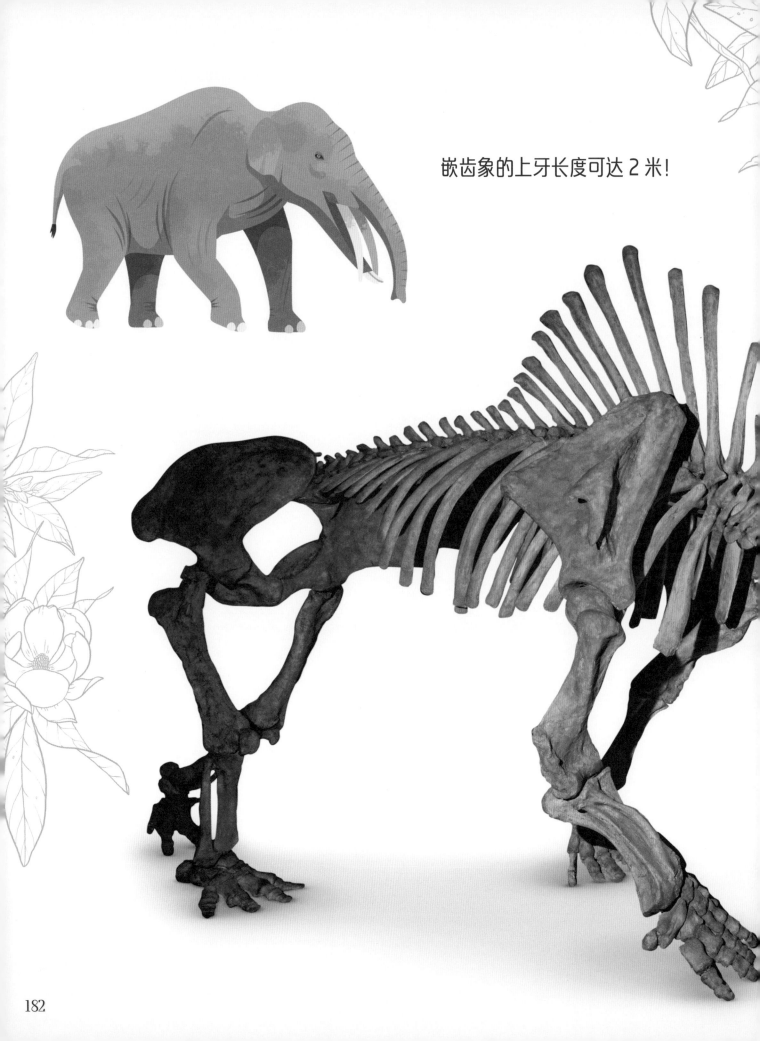

嵌齿象的上牙长度可达 2 米！

嵌齿象

嵌齿象生活在大约 1300 万年前，看起来很像现代大象，只是它有四个巨大的象牙而不是两个！嵌齿象下颌末端的长牙像铲子一样，可能用来在陆地上挖植物或从在水中捞藻类——甚至可能用来剥树皮吃。这可是一项艰巨的工作，但嵌齿象的牙齿就像我们人类的牙齿一样，上面覆盖着一层釉质，这使其更加坚固。虽然古生物学家认为嵌齿象有一个柔韧灵活的鼻子，但没有发现任何化石痕迹。那么，它的鼻子到底是和貘一样短小还是比大象的还要长呢？没有人知道。

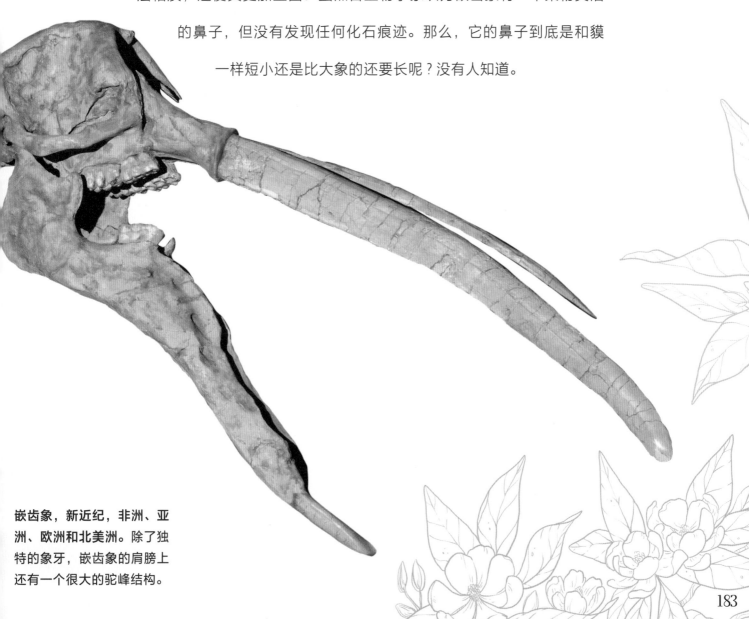

嵌齿象，新近纪，非洲、亚洲、欧洲和北美洲。除了独特的象牙，嵌齿象的肩膀上还有一个很大的驼峰结构。

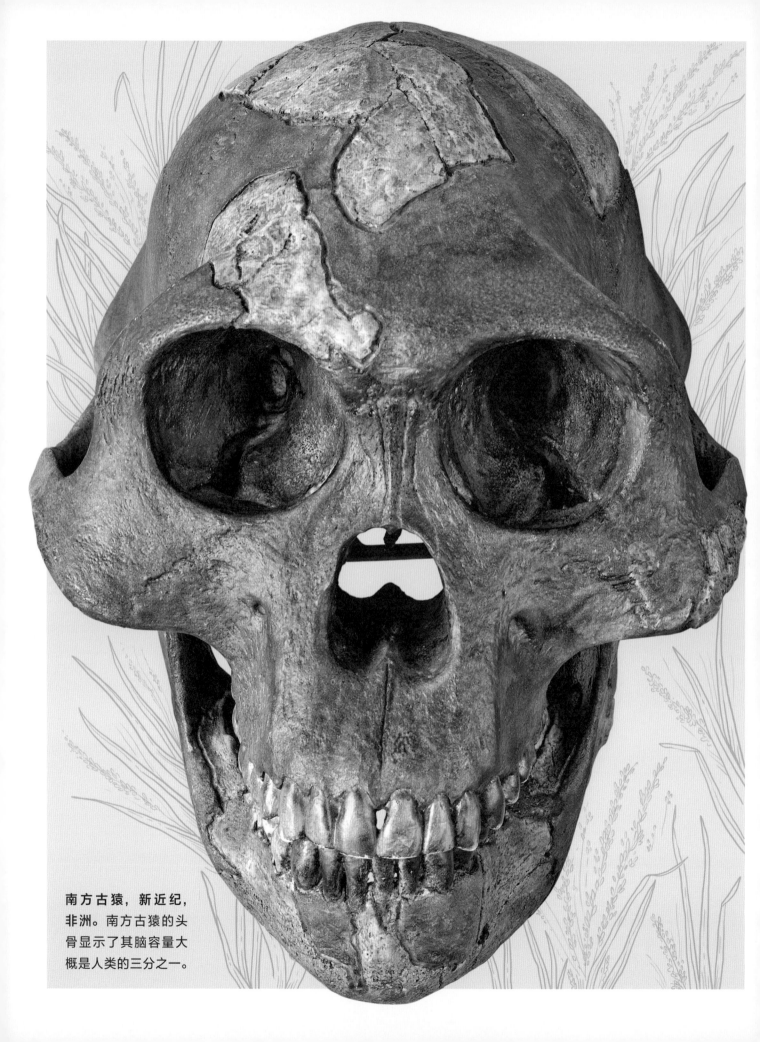

南方古猿，新近纪，非洲。南方古猿的头骨显示了其脑容量大概是人类的三分之一。

南方古猿

南方古猿的化石发现于非洲东部和南部。

我们可以从化石中了解很多关于人类演化的信息。南方古猿不是人类，但它是出现在大约 400 万年前的人类的早期祖先。南方古猿的化石显示出像猿和像人的混合特征。例如，它的大脑像猿一样小，但它能像人一样用两条腿直立行走。南方古猿可能以各种各样的食物为食，从水果到动物，它甚至可能使用石器来切割食物。

1976 年，科学家玛丽·利基在坦桑尼亚发现了一串南方古猿脚印化石，2015 年又发现了更多类似的化石。这些足迹表明南方古猿是群居动物。

披毛犀

冷冻的遗骸和早期人类的洞穴壁画让我们对披毛犀的外观有了很好的了解，它们也被称为长毛犀牛。就像与它们一起生活的猛犸一样，披毛犀身上覆盖着厚厚的毛皮，这帮助它们在冰期的冰天雪地中保持温暖。它们耳朵很小以减少热量流失，肩上的一个大驼峰能储存脂肪，当食物匮乏的时候，脂肪可以用作能量储备。

披毛犀可能用它的长鼻角来保护自己或与对手争夺配偶。最初发现它的鼻角时，一些人误以为这是一只巨鸟的爪子。

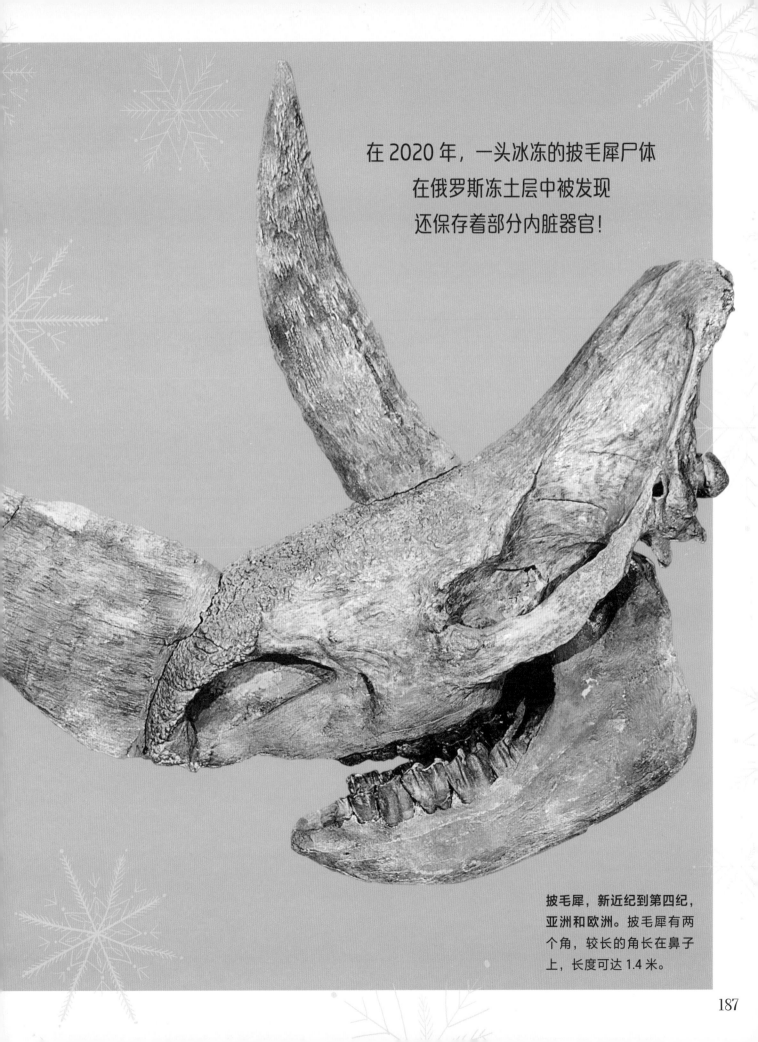

在 2020 年，一头冰冻的披毛犀尸体
在俄罗斯冻土层中被发现
还保存着部分内脏器官！

披毛犀，新近纪到第四纪，
亚洲和欧洲。披毛犀有两
个角，较长的角长在鼻子
上，长度可达 1.4 米。

冰期

在漫长的历史中，地球的气候发生了变化——从三叠纪时期的炎热温暖到第四纪时期的冰期的寒冷。是什么导致了这样的气候变化呢？大陆漂移、火山爆发和植物生长可能都在其中起了作用。冰期是指地球变冷，冰层永久覆盖地球部分地区的时期。在最近的冰期，动物们不得不适应寒冷的生活。然而，在气温上升及人类狩猎等其他因素的共同作用下，许多动物面临灭绝。

雪球地球（Snowball Earth）

大约 7 亿年前，地球有两次变得十分寒冷，以至于全球完全被冰雪覆盖。这就是众所周知的"雪球地球"！当时只有单细胞生物在这种恶劣的气候下生存下来。

冰期（The Ice Ages）

冰期至今仍在继续！最冷的时候是在大约 21000 年前，北半球的大部分地区都被冰川覆盖，但现在只有北极和南极常年有冰川。

长角野牛

　　这种大型植食性动物是美洲野牛的近亲。长角野牛生活在北美洲，大约 1 万年前灭绝。

洞狮

　　在大约 1.3 万年前灭绝之前，洞狮是冰期的顶级捕食者。它与现代狮子关系较近，尽管它没有鬣毛。

披毛犀

　　披毛犀浑身覆盖着厚厚的毛来保暖，它和猛犸生活在一起，在寒冷的草原上寻找植物果腹。

猛犸

　　猛犸，又称长毛象，可能是冰期最著名的动物，它生活在寒冷的北部地区，通过结冰的海洋往来于大陆之间。

雕齿兽

早期人类可能会
利用空的雕齿兽外壳作为庇护所。

雕齿兽可能会被误认为是重甲恐龙，但这种巨大的动物实际上是一辆汽车大小的犰狳。它的穹顶状身体上覆盖着数千块骨板，称为皮内成骨，可以保护它免受饥肠辘辘的捕食者的攻击。雕齿兽还长着一条狼牙棒样子的骨质尾巴，可以在捕食者面前挥舞起来，吓跑大型肉食性鸟类和剑齿虎。

今天的犰狳主要吃昆虫和爬行动物，但雕齿兽是植食性动物，用强壮的下颌和牙齿磨碎坚硬的植物。它大约在 300 万年前出现，在大约 1.2 万年前灭绝，这可能是因为人类的过度捕猎——人类把雕齿兽当作食物。

雕齿兽，新近纪到第四纪，北美洲和南美洲。这些厚实的皮内成骨可达 2.5 厘米厚，它们整齐地组合在一起，形成了一个坚硬装甲外壳。

刃齿虎

对于刃齿虎来说，不用刷牙是一件好事——它的犬齿长达 25 厘米，这要刷牙的话，可能得花上一段时间！刃齿虎的牙齿像马刀一样，它是一种可怕的史前捕食者。刃齿虎生活在 250 万到 1 万年前的森林中，它悄悄地跟踪猎物——很可能是鹿、野牛，甚至是地懒。它在灌木丛中潜行，等待最佳时机向毫无防备的猎物扑去。刃齿虎的嘴巴张开的时候可以达到现代狮子的两倍大，从而给出致命的一咬。然而，刃齿虎并不是生下来就有大牙齿——它首先长出乳牙，然后在成年后再替换成大牙齿。

与现代的大型猫科动物不同，
雄性刃齿虎和雌性刃齿虎的体形差不多。

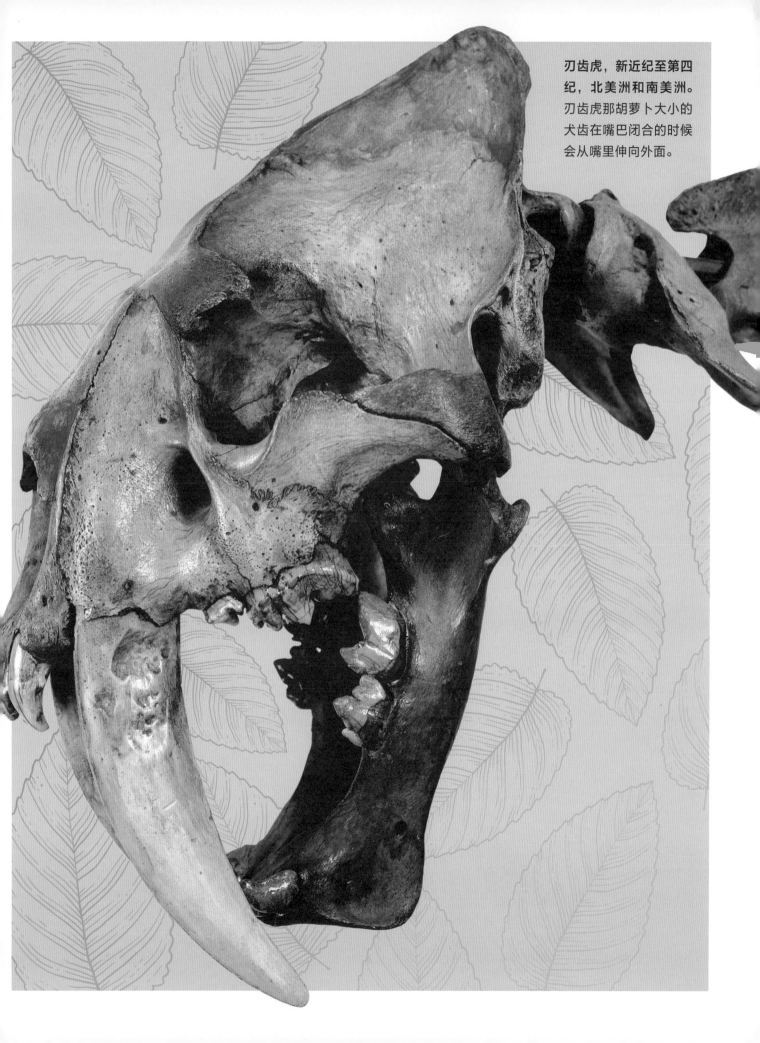

刃齿虎，新近纪至第四纪，北美洲和南美洲。刃齿虎那胡萝卜大小的犬齿在嘴巴闭合的时候会从嘴里伸向外面。

袋狮

尽管袋狮的名字意思是"有育儿袋的狮子"，但是它与狮子无关。它实际上是一种有袋目哺乳动物，它把幼崽放在肚子上的口袋里，就像袋鼠和考拉一样。袋狮与狮子的相似之处是适应了相似的生活方式和栖息地——而且也是一种可怕的肉食性动物！它在澳大利亚第四纪的森林中徘徊，长着锋利的牙齿。袋狮的门牙比其他哺乳动物锋利的犬齿更能刺穿猎物。它还有可伸缩的尖爪，能够隐藏或伸展，它超大的拇指爪也是一种致命武器。

就咬合力而言，
袋狮是有史以来同体形哺乳动物中最强的。

袋狮，第四纪，大洋洲。袋狮身形短小，前腿强壮，下颌有力。化石表明，它生活在大约200万年前到4万年前。

巨型短面袋鼠

　　这种巨大的袋鼠比大多数人都高，站立时大约有 2 米高，是有史以来最大最重的袋鼠。大约 1.5 万年前，它一直在澳大利亚游荡，穿梭于炎热的沙漠和开阔的森林。巨型短面袋鼠的巨大体形意味着它可能无法像现代袋鼠那样跳跃，而是可能用双腿走路。与今天袋鼠另一个不同之处在于，它有两根细长的手指，还有弯曲的尖爪，可将树枝拉近嘴巴。就像现在的袋鼠一样，巨型短面袋鼠是一种有袋类动物，它把自己的孩子放在肚子上舒适的育儿袋内。

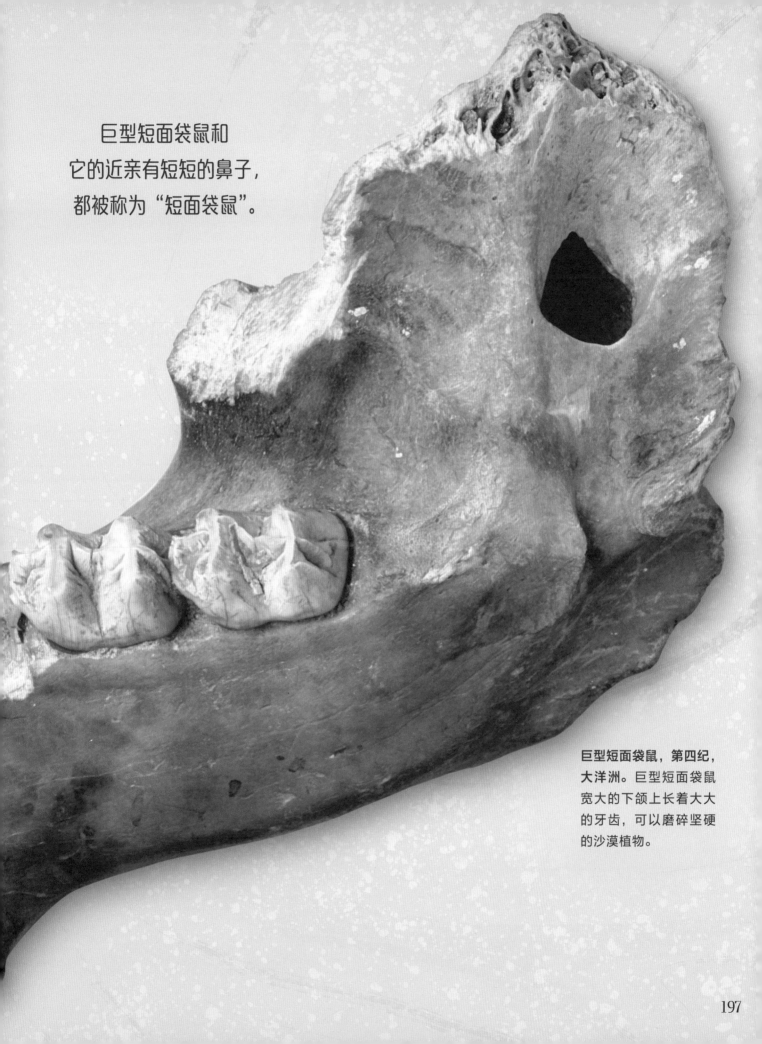

巨型短面袋鼠和
它的近亲有短短的鼻子，
都被称为"短面袋鼠"。

巨型短面袋鼠，第四纪，
大洋洲。巨型短面袋鼠
宽大的下颌上长着大大
的牙齿，可以磨碎坚硬
的沙漠植物。

巨型短面熊

巨型短面熊和它的近亲
比现代熊科动物的口鼻部更粗短，
这就是它们被称为"短面熊"的原因。

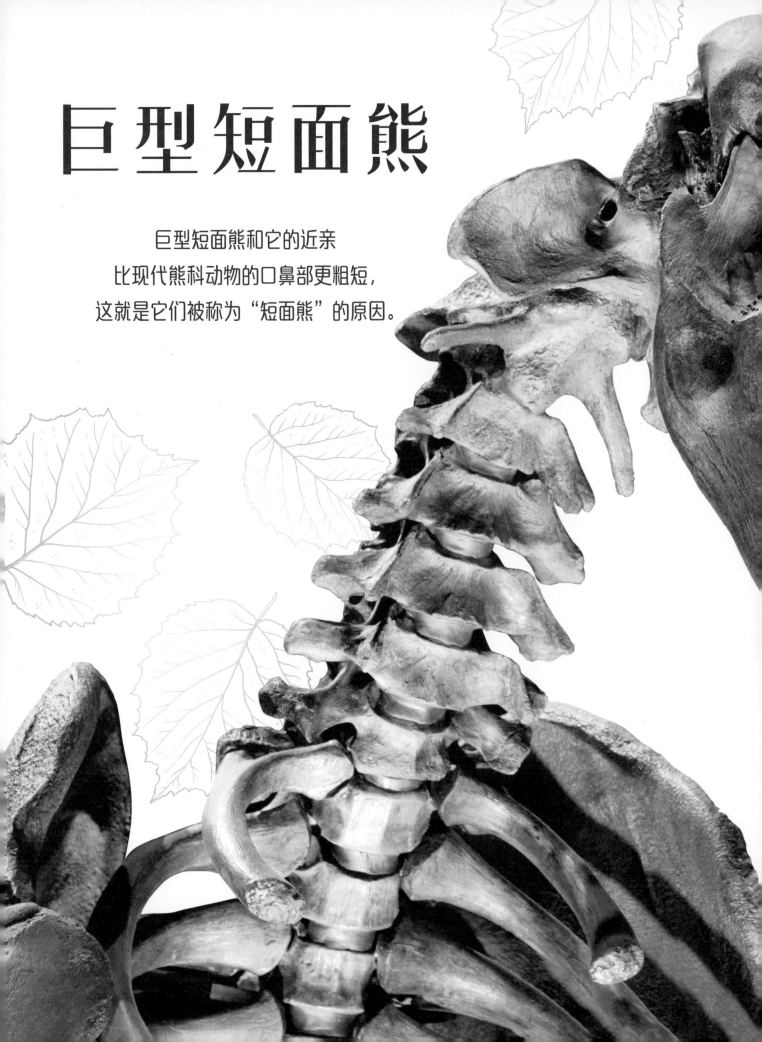

200 万年前的巨型短面熊比北极熊还大，是有史以来最大的熊之一。它长着可怕的尖牙，但最近的研究表明，它可能是一种杂食动物，遇到什么就吃什么，从植物和水果，再到小动物，甚至是其他捕食者杀死的猎物的残骸。

大约 300 万年前，之前已经分开的北美大陆和南美大陆开始合并在一起。这意味着动物和植物可以轻松在两个大陆间迁移，"南北美物种大交流"开始了。巨型短面熊是长途跋涉到南美洲的动物之一，它们的后代——眼镜熊——今天仍然在南美洲生活。

磨齿兽

与现代树懒相比，地懒（例如磨齿兽）有一些令人惊讶的地方。首先，它们住在地面上，而不是树上。此外，有些种类用长而锋利的爪子挖出长长的洞穴。但是，它们的主要区别在于大小。地懒的体形是巨大的，今天的树懒重约 5 千克，但磨齿兽体重超过 1.1 吨！

之前发现的保存完好的磨齿兽皮肤和粪便，使得早期的探险者误以为这种动物现在仍存在，但大多数地懒在冰期末期就灭绝了。只有加勒比地区的一个种群存活到大约 5000 年前，但与以前的地懒一样，可能是因为人类的狩猎，这些动物都灭绝了。

体形巨大的地懒和大象一样大！

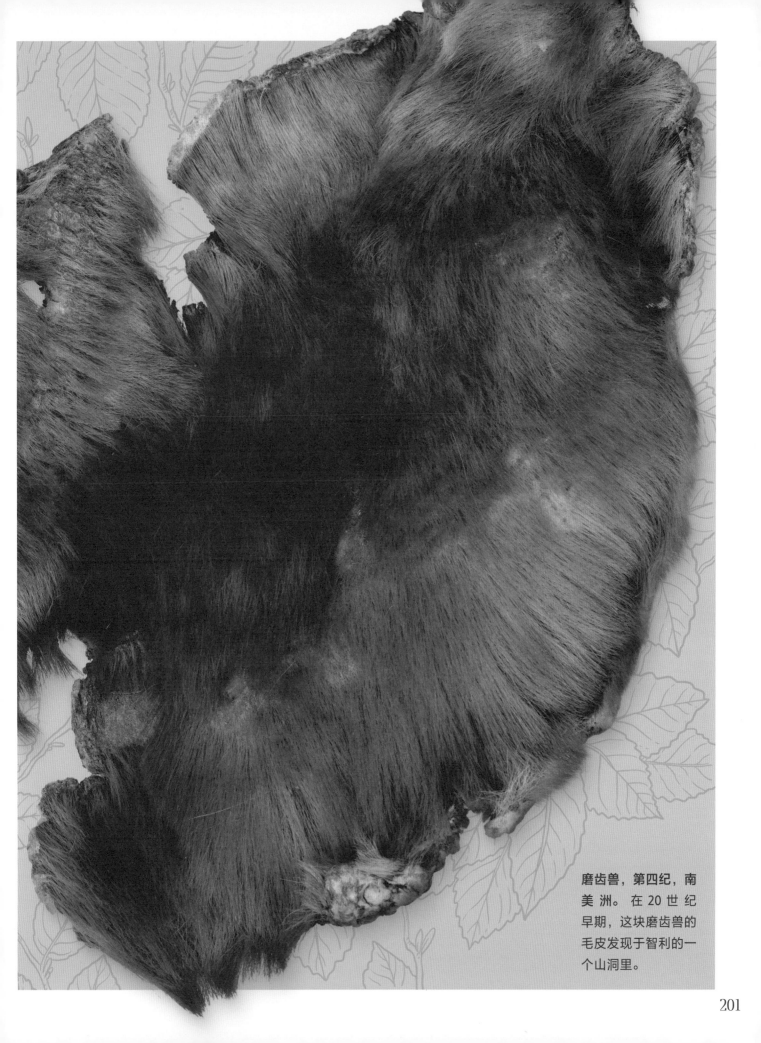

磨齿兽，第四纪，南美洲。在20世纪早期，这块磨齿兽的毛皮发现于智利的一个山洞里。

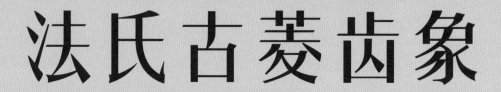

法氏古菱齿象

法氏古菱齿象的奇异头骨
可能是独眼巨人传说的来源。

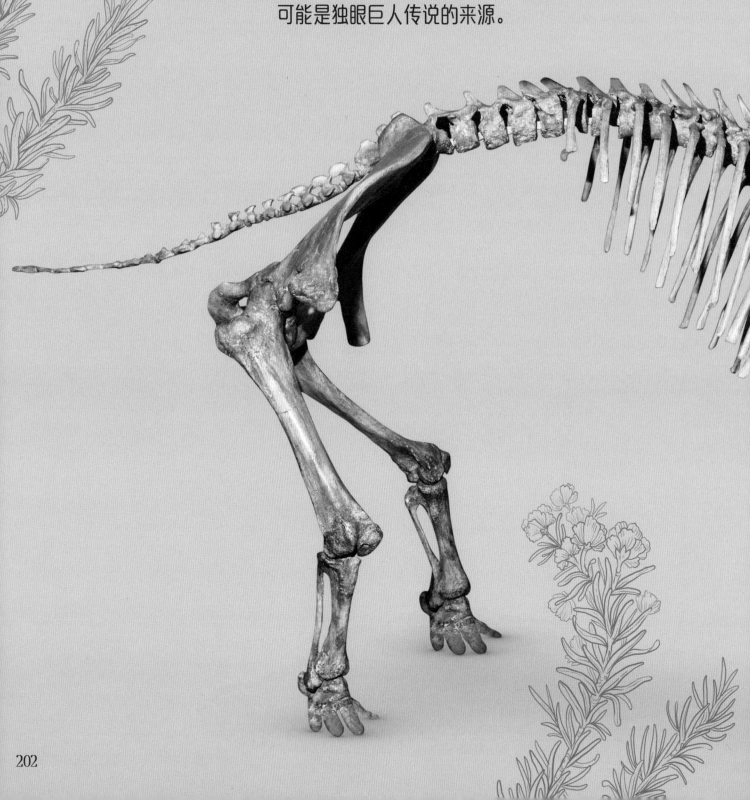

大象是当今最大的陆生动物。不过这个迷你版的大象——法氏古菱齿象曾经生活在地中海的西西里岛和马耳他岛上。即便这种象完全长大，它们也只有一只大狗那么大！为了适应岛上的生活，它们变得很小，因为岛上没有足够的空间和食物来供养大量的大型动物。人们认为法氏古菱齿象是史前欧洲大象的后代，史前的欧洲大象有4米高。这些祖先在冰期时来到地中海的小岛上，那时的海平面要比今天低得多。法氏古菱齿象的化石最晚可以追溯到11700年前。

法氏古菱齿象，第四纪，欧洲。法氏古菱齿象是有史以来最小的大象之一。

猛犸

长着毛茸茸的皮毛和弯曲的长牙，猛犸是著名的冰期动物。这个庞然大物大约有现代非洲象那么大，它漫步在地球寒冷的北部地区，用象牙挖掘植物。猛犸非常适合在冰冷的环境中生活，它们有着厚厚的"毛皮大衣"，有助于隔热，尾巴和耳朵都较小，这样在寒冷中散热较少。

一些猛犸，包括猛犸幼崽，被完好地保存在冰盖中。大多数猛犸在大约 10500 年前的冰期末灭绝，主要是由于人类的捕猎。史前的人们吃猛犸的肉，还用它们巨大的骨头搭建居所。

猛犸，第四纪，亚洲、欧洲和北美洲。猛犸弯曲的长牙可达 4.2 米——相当于一辆小汽车的长度。

直到 3700 年前，在古埃及人建造金字塔之后，一小群猛犸依然在北极的一个岛屿上生存。

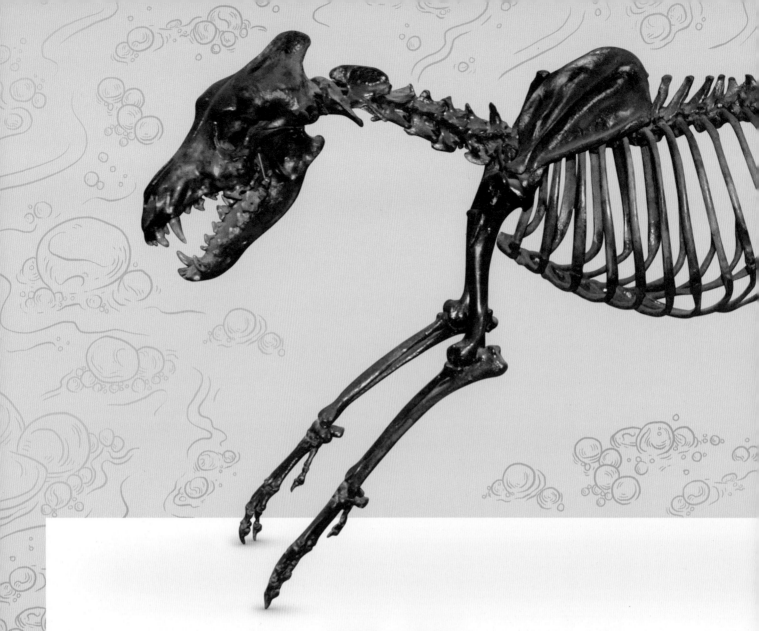

恐狼

人们发现的恐狼化石
经常都是在一起的，
这说明它们是成群生活和狩猎的。

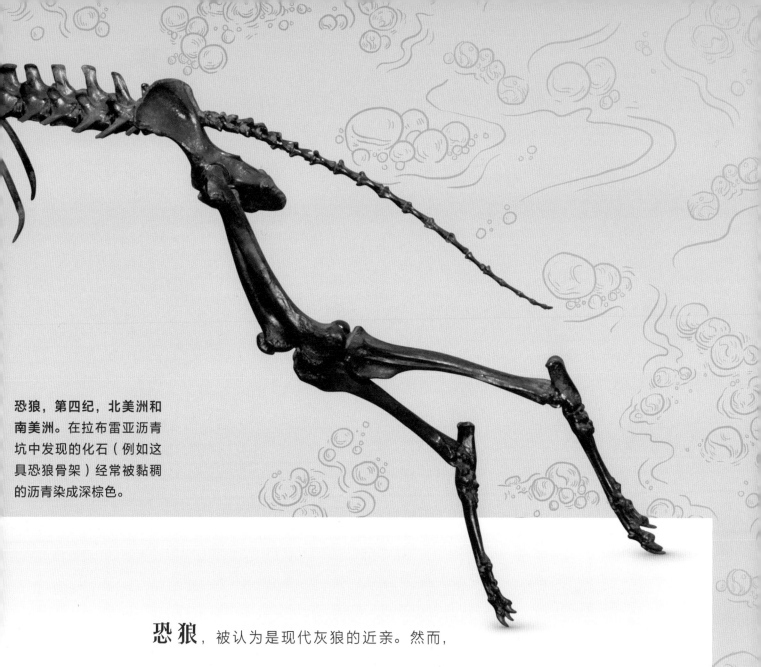

恐狼，第四纪，北美洲和南美洲。在拉布雷亚沥青坑中发现的化石（例如这具恐狼骨架）经常被黏稠的沥青染成深棕色。

恐狼，被认为是现代灰狼的近亲。然而，

最近对它们基因的研究表明，它们并不是近亲。这两个物种曾共存过，但灰狼今天仍在地球上游荡，恐狼在 10000 年前就灭绝了。

在美国加利福尼亚的拉布雷亚沥青坑中，人们发现了数千只恐狼的化石，那里到处都是黑色的沥青。不幸被困在沥青里的动物会引来像恐狼这样的捕食者，但是这些捕食者也会被困住，并在沥青硬化后被保存下来。

大海雀

大海雀是一种生活在北大西洋沿岸的外观似企鹅的鸟类。人类猎杀它们是因为可以将它们毛茸茸的羽毛做成枕头。这个物种在 1852 年灭绝。

大海牛

大海牛是一种与长鼻目有亲缘关系的海生哺乳动物，它们生活在北太平洋中，人们为了肉和脂肪而猎杀它们。1768 年，该物种灭绝。

近代灭绝的物种

这本书中描述了过去曾经生活在地球上的怪异而奇妙的植物和动物，但为什么它们现在都不存在了呢？有时候，物种会灭绝，也就是所有个体都死了，一个也没有剩下。地球历史上发生过一系列大规模灭绝事件，许多物种同时灭绝，包括小行星撞击地球导致非鸟类恐龙的灭绝。然而，随着时间的推移，其他因素也会导致物种灭绝，如气候变化、人类狩猎和自然栖息地的破坏。这里有几种近代历史上灭绝的动物。

旅鸽

在北美洲曾发现过数百万只旅鸽，但随着时间的推移，它们的栖息地遭到破坏，许多旅鸽被人类捕杀。到了20世纪初，它们已经完全消失了。

渡渡鸟

渡渡鸟是一种大型鸽子，但它们不会飞。水手们来到渡渡鸟居住的毛里求斯岛时，给这个小岛带来了老鼠、猫和其他动物，这些外来物种破坏了渡渡鸟的巢穴。渡渡鸟在17世纪末灭绝了。

袋狼

袋狼也被称为塔斯马尼亚虎，是一种看起来像狼的有袋类动物。它们曾经生活在大洋洲，后被人类猎杀。已知的最后一只袋狼个体于1936年死亡。

生命树

在地球漫长的历史中，出现了各种各样不寻常的植物和动物。许多物种现已不存在，但它们是今天仍然生活在陆地上和水中的生物的祖先。这棵生命树显示了本书介绍的各种生命形式彼此之间的紧密联系，以及有多少生命属于今天仍然存在的群体。

哺乳动物

在非鸟类恐龙灭绝后，哺乳动物变得越来越大，遍布整个地球。史上最大的哺乳动物，是今天仍然存在的蓝鲸。

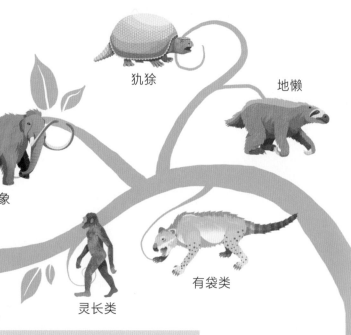

犰狳

地懒

奇蹄类哺乳动物

食肉目

象

灵长类

有袋类

鲸类

偶蹄类哺乳动物

两栖动物

两栖动物生活在陆地和水中，是最早存在的四足动物。它们生活在离淡水不远的地方，因为它们需要淡水来产卵。

两栖动物

无脊椎动物

无脊椎动物的背侧没有脊椎。它们没有骨骼，但很多无脊椎动物用甲壳来保护自己柔软的身体。最早的动物是水生无脊椎动物。

双壳类

棘皮动物

珊瑚

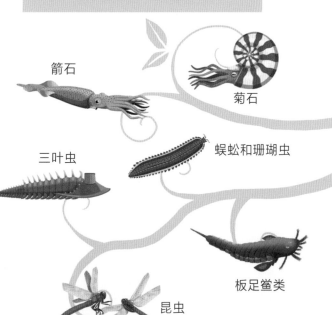

箭石

菊石

三叶虫

蜈蚣和珊瑚虫

微生物

地球上最早的生命形式是每个只有一个细胞的微生物，例如细菌。一些种类变得更大，例如货币虫，它可以达到一个小盘子的大小。

货币虫

板足鲎类

昆虫

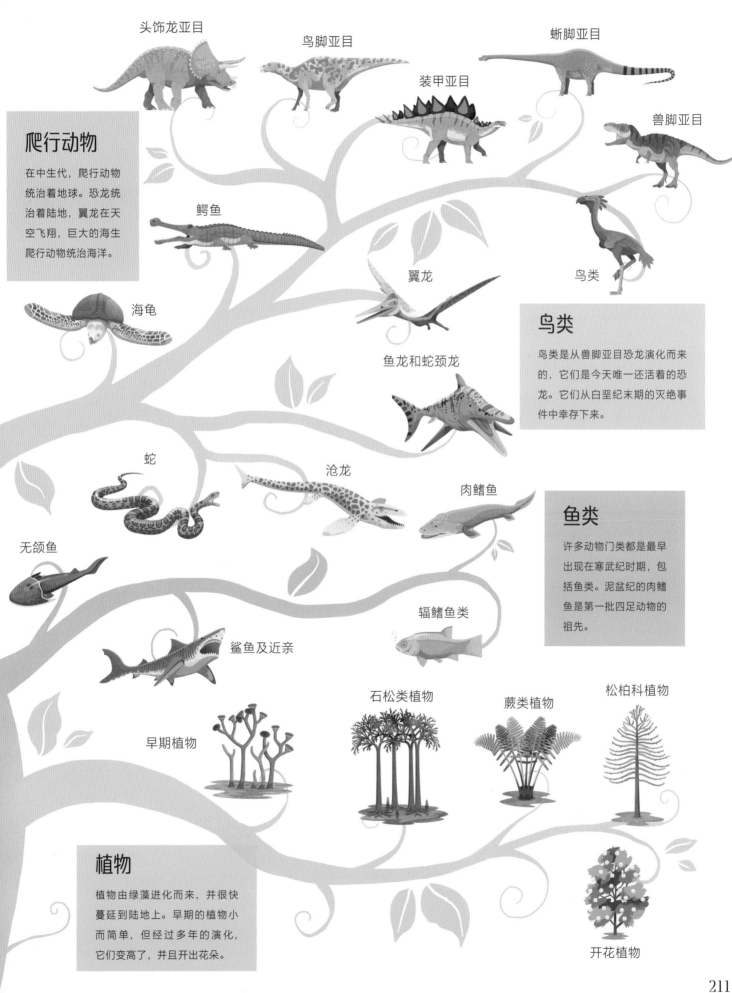

头饰龙亚目

鸟脚亚目

蜥脚亚目

装甲亚目

兽脚亚目

爬行动物

在中生代，爬行动物统治着地球。恐龙统治着陆地，翼龙在天空飞翔，巨大的海生爬行动物统治海洋。

鳄鱼

翼龙

鸟类

鱼龙和蛇颈龙

海龟

鸟类

鸟类是从兽脚亚目恐龙演化而来的，它们是今天唯一还活着的恐龙。它们从白垩纪末期的灭绝事件中幸存下来。

蛇

沧龙

肉鳍鱼

鱼类

许多动物门类都是最早出现在寒武纪时期，包括鱼类。泥盆纪的肉鳍鱼是第一批四足动物的祖先。

无颌鱼

鲨鱼及近亲

辐鳍鱼类

石松类植物

蕨类植物

松柏科植物

早期植物

植物

植物由绿藻进化而来，并很快蔓延到陆地上。早期的植物小而简单，但经过多年的演化，它们变高了，并且开出花朵。

开花植物

词语表

孢子： 由植物和真菌组成的微小生殖结构，可以长成一个新的个体。

变态： 动物在成长过程中变成不同形态的过程，例如毛毛虫变成蝴蝶的过程。

冰期： 地球大部分地区都被冰雪覆盖的时期。最后一个冰期被称为"冰川世纪"。

捕食者： 以捕杀其他动物为食的动物。

哺乳动物： 长有毛发的脊椎动物，用奶水喂养幼崽。第一批哺乳动物出现在大约 2.25 亿年前。

沧龙： 一种已经灭绝的海洋爬行动物，颈短，头大，有鳍。

大灭绝事件： 许多不同物种在短暂时间内灭绝，例如，在白垩纪末期，非鸟类恐龙被一颗撞击地球的小行星灭绝。

代： 时间的划分，持续数亿年。代可以进一步划分为纪。

肺： 一种陆生动物体内的器官，该器官让动物从空气中吸收氧气。

孵化： 使蛋保持温暖以便让里面的胚胎能够生长的过程。

古生物学家： 研究史前生命形式的科学家。

光合作用： 植物利用太阳能生产食物的过程。

化石： 保存下来的关于过去生命形式的遗迹或痕迹。身体化石是指生物体的骨骼、皮肤和其他部分，而痕迹化石包括的是脚印、粪便、洞穴或其他生命的证据。

脊椎动物： 有脊骨的动物。

纪： 持续数百万年的时间划分。许多纪组成一个代。

节肢动物： 身体分为节段和结合部分的无脊椎动物，如昆虫、广翅目和三叶虫。

颈盾： 从三角龙等某些角龙类的头骨后部延伸出来的大的骨质盾。颈盾可能颜色很鲜艳，有些还有尖刺。

菊石： 一群已灭绝的带壳海洋无脊椎动物。大多数菊石都有盘绕的外壳，但有些是直壳的，有的是螺旋的。

恐龙： 一种爬行动物，其名字的意思是"可怕的蜥蜴"。恐龙的腿直接位于身体下方，它产下硬壳蛋。鸟类就是恐龙。

昆虫： 长有六条有关节腿的一种节肢动物，身体分为头、胸和腹部。许多都有翅膀，能够飞翔。

两栖动物： 幼体生活在水中，但成年后既能生活在水中，也能生活在陆地上的脊椎动物。第一批两栖动物出现在大约 3.7 亿年前。

猎物： 捕食者为了食物而捕杀的动物。

灭绝： 一个物种衰亡消失。当一种生物灭绝时，这种生物就不再存在了。

鸟： 长有羽毛和喙的脊椎动物。第一批鸟类出现在距今大约 1.6 亿年前。鸟类是今天唯一活着的恐龙。

爬行动物： 有鳞皮的脊椎动物，如恐龙、海龟和蛇。最早的爬行动物出现在大约 3.1 亿年前。

皮内成骨： 在动物皮肤中发现的有助于保护其免受攻击的骨头。甲龙有许多皮内成骨，在它们的背部形成盾牌。

气候： 一个地区长期的天气状况。

迁移： 动物从一个地区长途跋涉到另一个地区的过程，通常是为了寻找新的食物来源或为了繁殖。

犬齿：在哺乳动物的颌骨中的尖牙，用来夹住、刺穿和撕裂食物。有些动物的犬齿变成了巨大的长牙。

肉食性动物：只吃肉类的生物。

软体动物：一种软体无脊椎动物，比如乌贼、鹦鹉螺和双壳类动物。它们都有一个保护性的外壳。

鳃：水生动物体内的一种器官，通过这一器官，生物能够从生活的水中吸收氧气。

三叶虫：一种已灭绝的节肢动物，其身体被分为三个纵向裂片。

色素：使得某物具有颜色。

上龙：一种已经灭绝的海洋爬行动物，颈短，头大，有鳍。上龙是蛇颈龙的一种。

蛇颈龙：一种已经灭绝的有鳍的海洋爬行动物。有些蛇颈龙的脖子很长。

生物：活着的东西，如植物或动物。

史前：在任何书面信息出现之前的时间。

授粉：花粉从花的雄性部分转移到雌性部分，从而使植物产生种子的过程。花粉通常是由称为传粉者的动物传播的，比如蜜蜂。

树脂：一些树木受损时产生的黏性物质。

双壳类：一种有两片铰接的壳和柔软的身体的无脊椎动物。

头冠：一些动物的头上发现的特征。头冠颜色鲜艳，用来向配偶炫耀。

微观：描述一种小到只能用显微镜才能看到的东西。

胃石：在胃里发现的石头，帮助动物消化。

无脊椎动物：没有脊椎骨的动物。

演化：一个物种经过很长一段时间的变化过程，直到它变得十分与众不同，一个新的物种就被创造出来。

夜行性动物：描述一种在夜间活跃的动物。

翼龙：一种已灭绝的会飞的爬行动物，有蝙蝠般的翅膀。翼龙通常被称为"翼手龙"。

有袋类动物：一种用育儿袋携带幼崽的哺乳动物。

幼虫：某些经过变态的动物的幼体。比如蝌蚪，看起来与它们的成体非常不同。

鱼类：有鳍和鳞，生活在水中的脊椎动物。第一条鱼出现在大约 5.3 亿年前。

鱼龙：一种已经灭绝的爬行动物，名字的意思是"鱼蜥蜴"。鱼龙生活在海洋中，许多鱼龙看起来像海豚。

猿类：没有尾巴的大型灵长类动物。

杂食动物：既吃植物又吃其他动物的动物。

植食性动物：只吃植物的动物。

种：同一类型的生物群。一个物种的成员可以在一起繁殖。

椎骨：动物的脊骨。

视觉索引

叠层石，第7页
类别：细菌
高度：1米
地点：世界各地
时期：前寒武纪至今
时间：34亿年前至今

狄更逊蠕虫，第8页
类别：无脊椎动物
长度：1.4米
地点：亚洲、欧洲、大洋洲
时期：前寒武纪
时间：5.67亿—5.5亿年前

奇虾，第11页
类别：无脊椎动物
长度：1米
地点：亚洲、北美洲、大洋洲
时期：寒武纪
时间：5.2亿—5亿年前

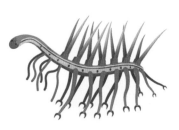

怪诞虫，第15页
类别：无脊椎动物
长度：5.5厘米
地点：亚洲、北美洲
时期：寒武纪
时间：5.1亿年前

库克逊蕨，第16页
类别：植物
高度：3厘米
地点：世界各地
时期：志留纪至泥盆纪
时间：4.33亿—3.93亿年前

板足鲎，第19页
类别：无脊椎动物
长度：60厘米
地点：北美洲
时期：志留纪
时间：4.32亿—4.18年亿年前

南海星，第20页
类别：无脊椎动物
长度：2.5厘米
地点：大洋洲
时期：志留纪
时间：4.3亿年前

头甲鱼，第22页
类别：鱼类
长度：25厘米
地点：欧洲、北美洲
时期：泥盆纪
时间：4亿年前

高柄镜眼虫，第25页
类别：无脊椎动物
长度：4.5厘米
地点：非洲
时期：泥盆纪
时间：4亿年前

古羊齿，第26页
类别：植物
高度：24米
地点：世界各地
时期：泥盆纪至石炭纪
时间：3.85亿年—3.23亿年前

日射脊板珊瑚，第28页
类别：无脊椎动物
高度：15厘米
地点：非洲、北美洲、南美洲
时期：泥盆纪
时间：3.8亿年前

邓氏鱼，第31页
类别：鱼类
长度：9米
地点：世界各地
时期：泥盆纪
时间：3.8亿年—3.6亿年前

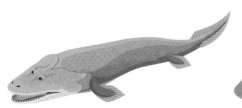

提塔利克鱼，第33页
类别：鱼类
长度：2.7米
地点：北美洲
时期：泥盆纪
时间：3.75亿年前

鱼石螈，第35页
类别：鱼类
长度：1.5米
地点：北美洲
时期：泥盆纪
时间：3.7亿—3.6亿年前

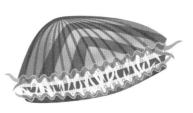

燕海扇，第38页
类别：无脊椎动物
长度：15厘米
地点：世界各地
时期：泥盆纪至三叠纪
时间：3.6亿—2亿年前

鳞木，第40页
类别：植物
高度：50米
地点：世界各地
时期：石炭纪
时间：3.6亿—3亿年前

芦木，第43页
类别：植物
高度：50米
地点：世界各地
时期：石炭纪
时间：3.5亿—3亿年前

节胸，第45页
类别：无脊椎动物
长度：2.5米
地点：欧洲、北美洲
时期：石炭纪
时间：3.2亿—2.99亿年前

巨脉蜻蜓，第46页
类别：无脊椎动物
长度：1米
地点：欧洲
时期：石炭纪
时间：3.05亿—2.99亿年前

三角海蕾，第49页
类别：无脊椎动物
长度：2.5厘米
地点：亚洲
时期：二叠纪
时间：2.98亿—2.52亿年前

异齿龙，第50页
类别：哺乳动物的祖先
长度：4.6米
地点：欧洲、北美洲
时期：二叠纪
时间：2.95亿—2.72亿年前

西蒙螈，第52页
类别：两栖动物
长度：60厘米
地点：欧洲、北美洲
时期：二叠纪
时间：2.9亿—2.75亿年前

旋齿鲨，第55页
类别：鱼类
长度：10米
地点：世界各地
时期：二叠纪
时间：2.8亿—2.7亿年前

似拖第蕨，第57页
类别：植物
高度：1米
地点：亚洲、欧洲
时期：二叠纪至侏罗纪
时间：2.6亿—1.6亿年前

南洋杉型木，第61页
类别：植物
高度：60米
地点：北美洲
时期：三叠纪
时间：2.5亿年前

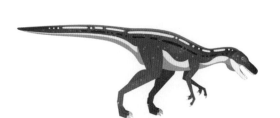

埃雷拉龙，第63页
类别：爬行动物
长度：6米
地点：南美洲
时期：三叠纪
时间：2.3亿年前

摩尔根兽，第66页
类别：哺乳动物
长度：10厘米
地点：亚洲、欧洲
时期：三叠纪至侏罗纪
时间：2.05亿—1.8亿年前

尖背菊石，第69页
类别：无脊椎动物
长度：80厘米
地点：欧洲、北美洲
时期：侏罗纪
时间：2亿—1.9亿年前

冰脊龙，第70页
类别：爬行动物
长度：6.5米
地点：南极洲
时期：侏罗纪
时间：1.94亿—1.88亿年前

大椎龙，第73页
类别：爬行动物
长度：6米
地点：非洲
时期：侏罗纪
时间：1.9亿年前

狭翼鱼龙，第74页
类别：爬行动物
长度：4米
地点：欧洲
时期：侏罗纪
时间：1.85亿—1.7亿年前

鳞齿鱼，第76页
类别：鱼类
长度：30厘米
地点：世界各地
时期：侏罗纪至白垩纪
时间：1.8亿—9400万年前

滑齿龙，第79页
类别：爬行动物
长度：7米
地点：欧洲
时期：侏罗纪
时间：1.66亿—1.55亿年前

南洋杉球果，第80页
类别：植物
高度：100米
地点：南美洲
时期：侏罗纪
时间：1.6亿年前

奇翼龙，第82页
类别：爬行动物
翼展：60厘米
分布地：亚洲
时期：侏罗纪
时间：1.59亿年前

异特龙，第84页
类别：爬行动物
长度：10米
地点：北美洲
时期：侏罗纪
时间：1.56亿—1.5亿年前

剑龙，第86页
类别：爬行动物
长度：9米
地点：欧洲、北美洲
时期：侏罗纪
时间：1.55亿—1.5亿年前

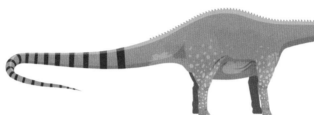

梁龙，第91页
类别：爬行动物
长度：26米
地点：北美洲
时期：侏罗纪
时间：1.55亿—1.5亿年前

翼手龙，第92页
类别：爬行动物
翼展：1米
地点：欧洲
时期：侏罗纪
时间：1.55亿—1.48亿年前

钉状龙，第94页
类别：爬行动物
长度：5米
地点：非洲
时期：侏罗纪
时间：1.52亿年前

始祖鸟，第97页
类别：爬行动物
长度：50厘米
地点：欧洲
时期：侏罗纪
时间：1.5亿年前

帝鳄，第98页
类别：爬行动物
长度：9.5米
地点：非洲、南美洲
时期：白垩纪
时间：1.33亿—1.12亿年前

多刺甲龙，第101页
类别：爬行动物
长度：5米
地点：欧洲
时期：白垩纪
时间：1.3亿—1.25亿年前

禽龙，第102页
类别：爬行动物
长度：12米
地点：欧洲
时期：白垩纪
时间：1.25亿年前

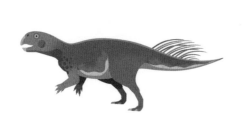

鹦鹉嘴龙，第107页
类别：爬行动物
长度：2米
地点：亚洲
时期：白垩纪
时间：1.25亿—1.2亿年前

孔子鸟，第108页
类别：鸟类
长度：50厘米
地点：亚洲
时期：白垩纪
时间：1.25亿—1.2亿年前

中华龙鸟，第111页
类别：爬行动物
长度：1米
地点：亚洲
时期：白垩纪
时间：1.2亿年前

木他龙，第113页
类别：爬行动物
长度：7米
地点：大洋洲
时期：白垩纪
时间：1.1亿—1.0亿年前

新箭石，第114页
类别：无脊椎动物
长度：15厘米
地点：世界各地
时期：白垩纪
时间：1.0亿年前

巴塔哥巨龙，第116页
类别：爬行动物
长度：31米
地点：南美洲
时期：白垩纪
时间：1.0亿—9500万年前

木兰属植物，第121页
类别：植物
长度：30米
地点：世界各地
时期：白垩纪至今
时间：1.0亿年前至今

棘龙，第122页
类别：爬行动物
长度：16米
地点：非洲
时期：白垩纪
时间：9900万—9400万年前

黄昏鸟，第124页
类别：鸟类
长度：1.8米
地点：北美洲
时期：白垩纪
时间：8400万—7800万年前

薄片龙，第126页
类别：爬行动物
长度：10米
地点：北美洲
时期：白垩纪
时间：8000万年前

慈母龙，第128页
类别：爬行动物
长度：9米
地点：北美洲
时期：白垩纪
时间：7700万年前

副栉龙，第131页
类别：爬行动物
长度：9.5米
地点：北美洲
时期：白垩纪
时间：7600万年前

包头龙，第133页
类别：爬行动物
长度：5.5米
地点：北美洲
时期：白垩纪
时间：7600万—7400万年前

似鸟龙，第135页
类别：爬行动物
长度：3.5米
地点：北美洲
时期：白垩纪
时间：7600万—6600万年前

伶盗龙，第136页
类别：爬行动物
长度：2米
地点：亚洲
时期：白垩纪
时间：7500万年前

古巨龟，第138页
类别：爬行动物
长度：4.6米
地点：北美洲
时期：白垩纪
时间：7500万年前

戟龙，第141页
类别：爬行动物
长度：5.5米
地点：北美洲
时期：白垩纪
时间：7500万年前

窃蛋龙，第144页
类别：爬行动物
长度：1.6米
地点：亚洲
时期：白垩纪
时间：7500万—7100万年前

扁掌龙，第146页
类别：爬行动物
长度：5.5米
地点：欧洲、北美洲
时期：白垩纪
时间：7300万—6800万年前

埃德蒙顿龙，第148页
类别：爬行动物
长度：12米
地点：北美洲
时期：白垩纪
时间：7300万—6600万年前

恐手龙，第150页
类别：爬行动物
长度：11米
地点：亚洲
时期：白垩纪
时间：7000万年前

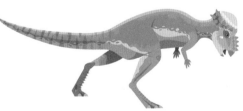

肿头龙，第153页
类别：爬行动物
长度：4米
地点：北美洲
时期：白垩纪
时间：7000万—6600万年前

三角龙，第155页
类别：爬行动物
长度：9米
地点：北美洲
时期：白垩纪
时间：6800万—6600万年前

霸王龙，第156页
类别：爬行动物
长度：13米
地点：北美洲
时期：白垩纪
时间：6800万—6600万年前

货币虫，第160页
类别：单细胞生物
长度：16厘米
地点：世界各地
时期：古近纪至今
时间：6600万年前至今

泰坦蟒，第163页
类别：爬行动物
长度：13米
地点：南美洲
时期：古近纪
时间：6000万—5800万年前

环棘鱼，第164页
类别：鱼类
长度：90厘米
地点：北美洲
时期：古近纪
时间：5500万—4800万年前

眼镜鱼，第166页
类别：鱼类
长度：30厘米
地点：世界各地
时期：古近纪至今
时间：5500万年前至今

弗洛林花，第169页
类别：植物
长度：5厘米
地点：北美洲
时期：古近纪
时间：5200万—2300万年前

龙王鲸，第170页
类别：哺乳动物
长度：20米
地点：非洲、北美洲
时期：古近纪
时间：4100万—3300万年前

尤因他兽，第173页
类别：哺乳动物
长度：4米
地点：亚洲、北美洲
时期：古近纪
时间：4000万年前

古巨豨，第175页
类别：哺乳动物
长度：2米
地点：北美洲
时期：古近纪
时间：3400万—2500万年前

琥珀中的小昆虫，第177页
类别：无脊椎动物
长度：8毫米
地点：欧洲
时期：古近纪
时间：3000万年前

恐鹤，第179页
类别：鸟类
长度：2.5米
地点：南美洲
时期：新近纪
时间：2000万—1300万年前

巨齿鲨，第180页
类别：鱼类
长度：18米
地点：世界各地
时期：新近纪
时间：1600万—360万年前

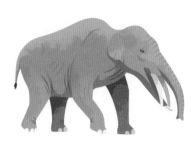

嵌齿象，第182页
类别：哺乳动物
长度：3.2米
地点：非洲、亚洲、欧洲、北美洲
时期：新近纪
时间：1300万—500万年前

南方古猿，第185页
类别：哺乳动物
长度：1.4米
地点：非洲
时期：新近纪
时间：400万—200万年前

披毛犀，第186页
类别：哺乳动物
长度：4米
地点：亚洲、欧洲
时期：新近纪至第四纪
时间：400万—1万年前

雕齿兽，第191页
类别：哺乳动物
长度：3米
地点：北美洲、南美洲
时期：新近纪至第四纪
时间：300万—1.2万年前

刃齿虎，第192页
类别：哺乳动物
长度：2米
地点：北美洲、南美洲
时期：新近纪至第四纪
时间：250万—1万年前

袋狮，第195页
类别：哺乳动物
长度：1.5米
地点：大洋洲
时期：第四纪
时间：200万—4万年前

巨型短面袋鼠，第196页
类别：哺乳动物
长度：2米
地点：大洋洲
时期：第四纪
时间：200万—1.5万年前

巨型短面熊，第199页
类别：哺乳动物
长度：1.8米
地点：北美洲
时期：第四纪
时间：200万—1.1万年前

磨齿兽，第200页
类别：哺乳动物
长度：3米
地点：南美洲
时期：第四纪
时间：180万—1万年前

法氏古菱齿象，第203页
类别：哺乳动物
长度：1米
地点：欧洲
时期：第四纪
时间：80万年前

猛犸，第205页
类别：哺乳动物
长度：4米
地点：亚洲、欧洲、北美洲
时期：第四纪
时间：20万—3700年前

恐狼，第206页
类别：哺乳动物
长度：1.5米
地点：北美洲、南美洲
时期：第四纪
时间：12.5万—1万年前

作者要感谢自己亲爱的儿子阿勒泰·图兰对作品内容的评论和讨论。

DK 要对以下诸位表示感谢：凯蒂·劳伦斯和凯瑟琳·蒂希协助对图书的编辑；波莉·古德曼负责校对；林恩·默里提供图片帮助；丹尼尔提供物种插图；安吉拉·里扎的图案和封面插图；中国科学院、北方博物馆、图卢兹博物馆、图宾根古生物博物馆和皇家安大略博物馆，感谢这些机构慷慨地允许使用他们的化石照片。

关于作者： 安苏亚·钦萨米·图兰教授来自南非，是一位屡获殊荣的世界级的著名古生物学家，同时，她也是研究史前和现代动物骨骼微观结构方面的专家。她写过关于恐龙和其他史前生命的学术著作和儿童书籍，是一位坚定的科学传播者。

图书在版编目（CIP）数据

DK 远古生物大发现 /(南非) 安苏亚·钦萨米·图兰著；(英) 安吉拉·里扎, (英) 丹尼尔·朗绘；李泽慧译. -- 北京：中信出版社，2022.6（2024.7 重印）
书名原文：Dinosaurs and other Prehistoric Life
ISBN 978-7-5217-4273-2

Ⅰ.①D… Ⅱ.①安…②安…③丹…④李… Ⅲ.①古生物学—少儿读物 Ⅳ.① Q91-49

中国版本图书馆 CIP 数据核字（2022）第 065855 号

Original: Dinosaurs and other Prehistoric Life
Copyright © 2021 Dorling Kindersley Limited
A Penguin Random House Company
Simplified Chinese translation copyright ©2022 by CITIC Press Corporation
All Rights Reserved.

本书仅限中国大陆地区发行销售

DK 远古生物大发现

著　者：[南非] 安苏亚·钦萨米·图兰
绘　者：[英] 安吉拉·里扎 [英] 丹尼尔·朗
译　者：李泽慧
出版发行：中信出版集团股份有限公司
　　　　　（北京市朝阳区东三环北路 27 号嘉铭中心　邮编　100020）
承　印　者：北京顶佳世纪印刷有限公司

开　本：889mm×1194mm　1/16
印　张：14.5
字　数：300 千字
版　次：2022 年 6 月第 1 版
印　次：2024 年 7 月第 9 次印刷
京权图字：01-2022-0669
书　号：ISBN 978-7-5217-4273-2
定　价：158.00 元

出　品：中信儿童书店
策　划：好奇岛
审校专家：江泓（江氏小盗龙）
策划编辑：贾怡飞
责任编辑：房　阳
营销编辑：中信童书营销中心
封面设计：佟　坤
内文排版：谢佳静　李艳芝